作品精选集

松本薰的串珠编织

口金包和小物件

〔日〕松本薰 著

蒋幼幼 译

河南科学技术出版社

· 郑州 ·

目录

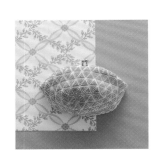

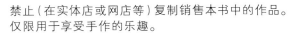

※图中未标注单位的数字均以厘米（cm）为单位

4…p.8

5…p.10

6…p.12

7…p.13

12…p.34

13…p.38

17…p.41

18…p.44

22…p.63

这款四边形口金包上对称流动的柔和曲线形成的花样非常精美。
使用不同颜色的串珠和线，或和风，或北欧风，尽享配色的乐趣。

尺寸／宽14cm、深11cm
使用材料／串珠：MIYUKI古董珠　用线：DMC COTON PERLE 8号
编织方法／p.66

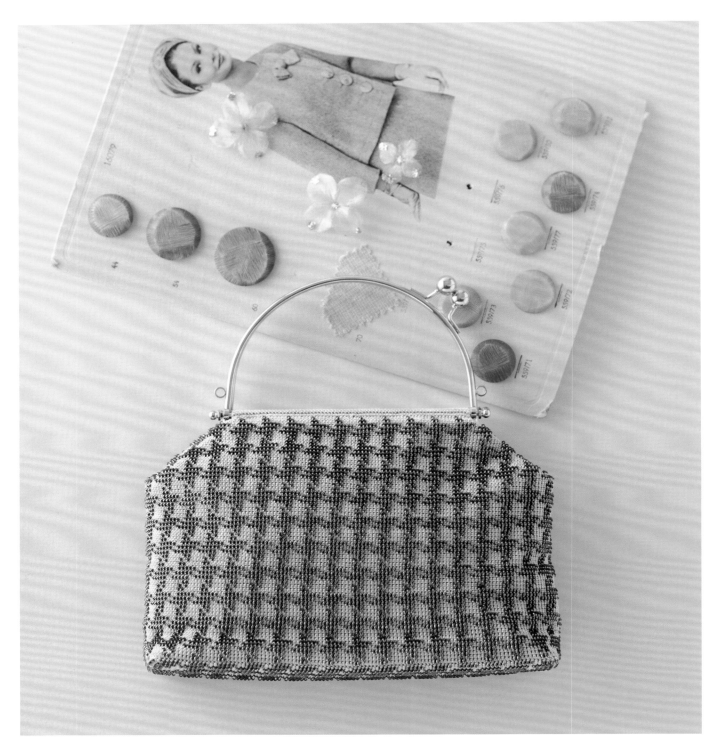

2

这款千鸟格花样的手提包既端庄大气又华丽精致，设计新颖，透着一种复古气息。

尺寸／宽26.5cm、深16cm（不含口金）
使用材料／串珠：MIYUKI古董珠M　用线：DMC BABYLO 10号
编织方法／p.68

3

千鸟格花样的2款四边形口金包，织入串珠的位置恰巧相反。
相同的图案也能演绎出各种有趣的玩法。

尺寸／宽14cm、深11cm（不含口金）
使用材料／串珠：MIYUKI古董珠　用线：DMC COTON PERLE 8号
编织方法／p.67

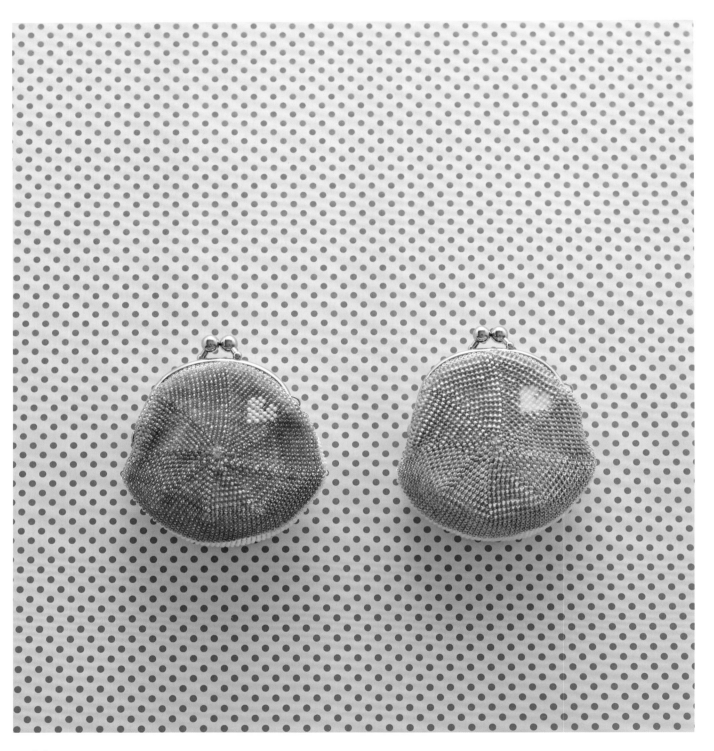

4

钩织2个圆形织片，拼接成口金零钱包。
点缀的小小爱心图案分别使用了另一面的颜色。

尺寸／宽9cm、深8.5cm（不含口金）
使用材料／串珠：MIYUKI古董珠　用线：DMC COTON PERLE 8号
编织方法／p.70

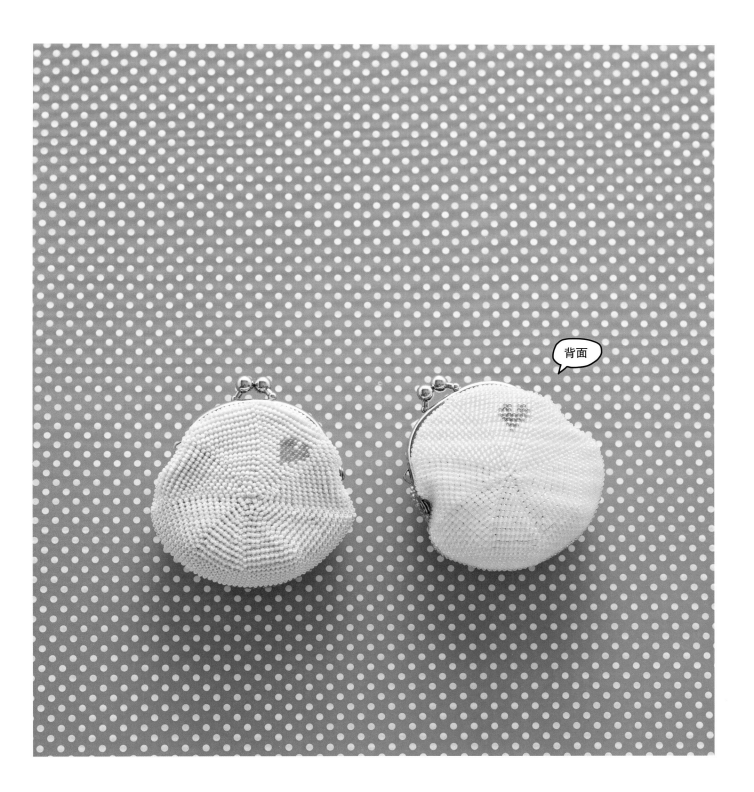

5

使用相同的图解，串珠的大小和线的粗细都不同，可以制作成2个大小不同的口金包。

尺寸／（蓝色）宽15cm、深10cm（不含口金），（玫红色）宽18cm、深12.5cm（不含口金）

使用材料／串珠：MIYUKI（蓝色）古董珠、（玫红色）古董珠M　用线：DMC（蓝色）COTON PERLE 8号、（玫红色）Cébélia 10号

编织方法／p.71

6

将圆形织片直接对折制作成口金包。虽然看起来又浅又小，但是开口很大，使用非常方便。

尺寸／宽15.5cm、深8.5cm（不含口金）
使用材料／串珠：MIYUKI三角珠 2.5mm　用线：DARUMA蕾丝线30号葵
编织方法／p.72

7

这款别致的口金手提包连提手部分都织满了串珠。无论是特殊的场合还是日常携带，都非常精致漂亮。

尺寸／宽33.5cm、深16.5cm（不含口金和提手）
使用材料／串珠：MIYUKI三角珠3mm　用线：DARUMA鸭川18号
编织方法／p.74

三角形格子花样呈鱼鳞状闪闪发光，精巧的手提包就像一件饰品让人心情愉悦。

尺寸／宽22cm、深20.5cm（不含口金和提手）
使用材料／串珠：MIYUKI三角珠 3mm　用线：DARUMA鸭川18号
编织方法／p.76

9

在编织手提包之前，先编织相同花样的小荷包练练手吧！外观看起来很雅致，内袋还是流行的水珠图案哟。

尺寸／宽14cm、深13.5cm（不含口金）
使用材料／串珠：MIYUKI三角珠 2.5mm　用线：DARUMA蕾丝线 30号葵
编织方法／p.78

与p.15小荷包的图解相同，只是使用了不同的线和串珠编织。串珠的质感、形状和颜色，都按自己的喜好来选择吧！

尺寸／宽10cm、深9.5cm（不含口金）

使用材料／串珠：MIYUKI古董珠　用线：DARUMA蕾丝线40号紫野

编织方法／p.78

p.16的粉红色口金包是钩织2个面拼接而成，而这款口金包则是从底部向上编织，更富于变化。

尺寸 / 宽14.5cm、深10cm（不含口金）

使用材料 / 串珠：MIYUKI古董珠　用线：DARUMA蕾丝线40号紫野

编织方法 / p.80

串珠编织的材料和工具

串珠 这里介绍本书中使用的串珠类型。

※串珠是玻璃制品，既小巧又精细。仔细编织，小心保管，可以享用很久哟！

[实物大小]

MIYUKI古董珠
外径约1.6mm（11/0）
圆筒形玻璃珠。形状均一，珠孔较大，穿线比较顺滑，最适合用于串珠编织。颜色丰富齐全、绚丽多彩是其魅力所在。

MIYUKI古董珠M
外径约2.2mm（10/0）
比古董珠大一圈。按相同的图解编织，成品尺寸要比用古董珠编织的大1.3倍左右。

MIYUKI古董珠M 切面珠
外径约2.2mm（10/0）
古董珠M的表面被切割成七切面的串珠。与圆形串珠相比，因为光线的反射会呈现复杂多变的光泽。

MIYUKI古董珠L
外径约3.0mm（8/0）
大小约为古董珠的1倍。因为3/0~4/0钩针编织的蕾丝线也可以穿入，所以推荐串珠编织初学者使用。

MIYUKI三角珠 2.5mm
外径约2.5mm（10/0）
切割面呈三角形的串珠。圆润的玻璃棱角就像镜片一样反射出柔和的光泽，是其最大特征。

MIYUKI三角珠 3mm
外径约3mm（8/0）
比外径约2.5mm的三角珠大一圈。与古董珠相比，编织完成的作品更密实，更具立体感。

串珠小专栏

松本薰式
串珠收纳

如何保管很多没有用完的串珠？

古董珠系列的盒子有3种，组合收纳很方便整理，所以空盒子不要扔掉，可重新装入串珠继续使用。开封后的古董珠盒子可用胶带将开口封好，使其倒过来或者横着放都不会打开。如果不小心把串珠洒落，那一定会很伤心的。

上）古董珠3g、5g装的盒子。为了使颜色一目了然，底部朝上放置。
中）古董珠20g装的盒子。
下）古董珠M、L、S。

串珠编织研究室

串珠与线的关系

准备好串珠和线想动手编织，却发现线穿不进串珠孔！大家都想避免这样的失误。
虽然顺利穿进了串珠，但还是会产生各种各样的问题，譬如花样变形了，颜色的感觉不对，等等。
这或许与串珠的尺寸、线的粗细和配色等有关系。

串珠的大小

右边是用不同大小的串珠编织
同一份图解完成的花片。因为
结合串珠的大小使用了对应粗
细的线，所以这些花片的串珠
排列整齐，花样清晰可辨。

[实物大小]

| 古董珠S | 古董珠 | 古董珠M | 古董珠L |

串珠大小和线的粗细不合适时：

如果线的粗细与串珠的大小等不匹配时，有的图案编织出来后，有时会出现花样变形的现象。下面的织片就是其中一些例子。

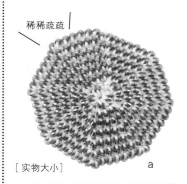

稀稀疏疏

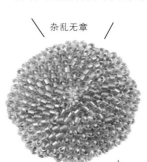

杂乱无章

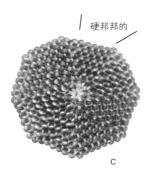

硬邦邦的

a 古董珠×BABYLO 10号线：与针目的
大小相比，串珠太小了，露出了底线

b 古董珠M×COTON PERLE 8号线：与
针目的大小相比，串珠太大了，与相邻的
串珠挤在一起，显得很杂乱

c 小号圆珠×COTON PERLE 8号线：和
b一样，与针目的大小相比，串珠太大了，
排列拥挤，织片没有伸缩性

[实物大小]　　a　　　　　　b　　　　　　c

串珠的颜色和线的颜色

线的颜色不同，穿入串珠后与串珠本身颜色给人
的感觉也不同。这是因为串珠是透明的，串珠之
间露出的线的颜色会影响整体的视觉效果。做
出各种尝试，找到自己喜欢的搭配吧！

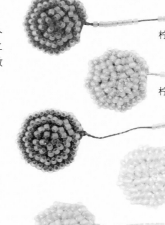

柠檬黄色的串珠+红色线…比较素雅的橘黄色

柠檬黄色的串珠+黄绿色线…偏黄的绿色

柠檬黄色的串珠+蓝色线…偏灰的绿色

柠檬黄色的串珠+原白色线…接近串珠原来的柠檬黄色

柠檬黄色的串珠…透明、亚光

柠檬黄色的串珠+黄色线…比较亮眼的深黄色

用针和用线 [图中为实物大小]

下面介绍本书作品中使用的棒针、蕾丝钩针、钩针和蕾丝线。

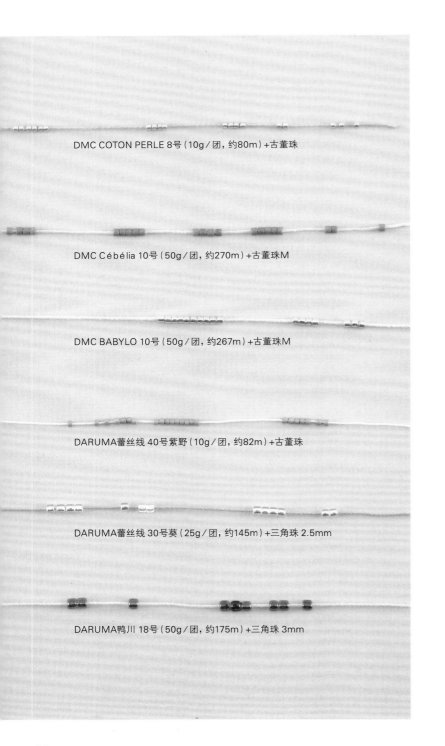

DMC COTON PERLE 8号（10g／团，约80m）+古董珠

DMC Cébélia 10号（50g／团，约270m）+古董珠M

DMC BABYLO 10号（50g／团，约267m）+古董珠M

DARUMA蕾丝线 40号紫野（10g／团，约82m）+古董珠

DARUMA蕾丝线 30号葵（25g／团，约145m）+三角珠 2.5mm

DARUMA鸭川 18号（50g／团，约175m）+三角珠 3mm

串珠编织棒针

特点是顺滑、针头不容易劈线、韧性适中，是适合编织小物件的短棒针。

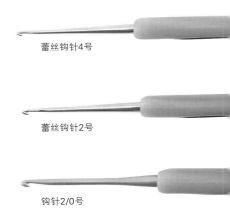

蕾丝钩针4号

蕾丝钩针2号

钩针2/0号

蕾丝钩针、钩针

根据线的粗细选择编织用针。蕾丝钩针号数越大针头越细，钩针号数越大针头越粗。如果编织的尺寸与本书中的作品不一致，可以通过更换针号进行适当的调整。

蕾丝线

首先，线的粗细一定要适合串珠。其次，选择线时还要考虑适当的捻度和韧性，穿入串珠后不起毛，以及线的耐磨性。蕾丝线的"号数"表示粗细，号数越大，线就越细。需要注意的是，即使号数相同，不同的厂家，线的粗细也多少存在差异。顺便提一下，COTON PERLE虽然是刺绣线，但是颜色丰富，可以根据串珠的颜色选出合适的配线，所以加入古董珠编织时经常使用这种线。

其他材料和工具

这些是制作串珠编织作品时应当备齐的各种工具。

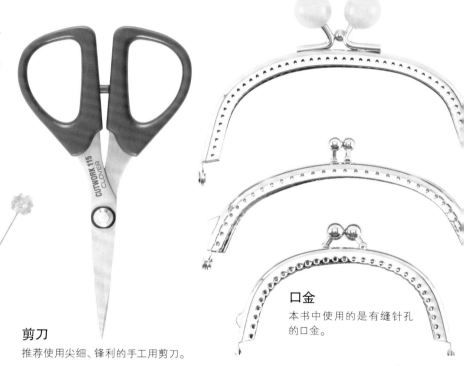

MIYUKI串珠垫

尺寸: 约35.5cm×28cm

这是串珠专用垫子。绒毛长, 有弹性, 串珠放在上面不会弹跳或滚动, 特别小的串珠也很容易找到并拾取。

针［图中为实物大小］

A 大眼针 …针体的中心有一个很大的针孔, 可以轻松地穿入线（参照p.23）。

B 毛衣缝针、手缝针…用于处理织物的线头、缝制内袋、安装口金等, 需要按不同用途分开使用。

C 定位针…用于暂时固定内袋等。

A B C

剪刀

推荐使用尖细、锋利的手工用剪刀。

口金

本书中使用的是有缝针孔的口金。

串珠小专栏

展示一下平常使用的串珠编织工具箱吧!

带 盖子的小竹篮正好放得下2个装COTON PERLE 8号线的亚克力盒子。盖子的反面插入了一块亚克力板, 做成放剪刀的收纳袋。剩下的空间只能放些针盒、计算器、卷尺等。这个工具箱的大小刚好只能放下这些东西, 携带方便, 所以一直都非常喜欢。

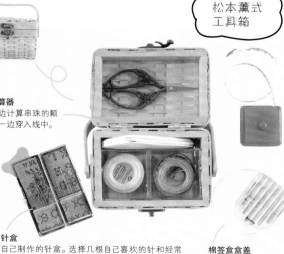

松本薰式
工具箱

计算器
一边计算串珠的颗数一边穿入线中。

在针盒的反面粘贴一块磁性片, 可以代替针插使用。

针盒
自己制作的针盒。选择几根自己喜欢的针和经常使用的针放在针盒里, 这样即使丢针了也能马上发现。橡胶片是很难拔针时使用的。

棉签盒盒盖
大小合适, 方便拿取, 正好用来放串珠。

制作串珠编织的口金包

下面总结了编织口金包时必备的材料和工具，以及制作流程。仔细看，并没有特别难的技巧。

1 串珠编织 （参考用时: 2～3天）

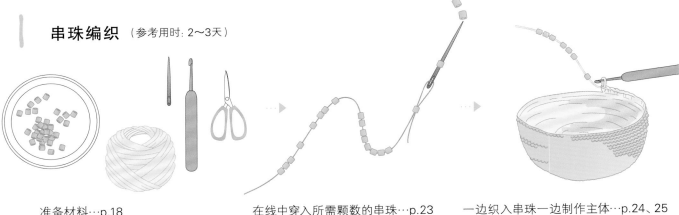

准备材料…p.18

在线中穿入所需颗数的串珠…p.23

一边织入串珠一边制作主体…p.24、25

2 缝制内袋 （参考用时: 半天～1天）…p.30、31

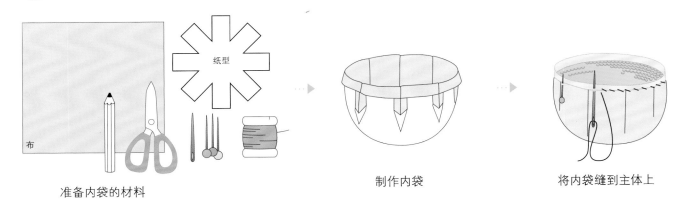

准备内袋的材料

制作内袋

将内袋缝到主体上

3 安装口金 （半天）…p.32、33

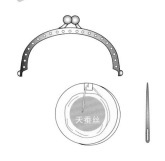

准备安装口金所需材料

用线在主体上做好记号

将口金缝在主体上

在线中穿入串珠

在线中一颗一颗地穿入小小的串珠虽然有点辛苦，但是如果这一步没做好就无法进行下面的步骤。
在穿入串珠的过程中会感到越来越有趣，并产生浓厚的编织欲望。

● **使用大眼针**　针的中心有一个大孔，是使用起来很方便的穿珠针。

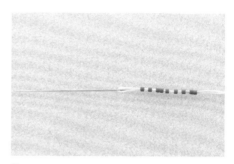

1. 在中心的针孔中穿入线头。

2. 用针尖逐个挑起串珠。

3. 将串珠从针上拨入线中。

● **使用串珠针和缝纫线**　因为线没有对折，对于2股线穿不进去的小孔串珠就会使用这种办法。

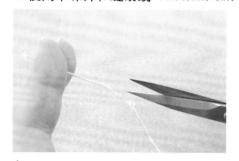

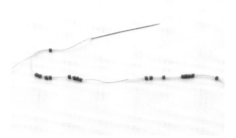

1. 用剪刀尖刮断线头。

2. 将起毛的线头和缝纫线重叠一部分并用胶水粘在一起。

3. 将缝纫线穿入串珠针，再将串珠穿入线中。

串珠编织研究室

在线中穿入很多颗串珠时

串珠编织往往在编织前要穿入几百颗甚至几千颗串珠。一遍又一遍地确认穿入的串珠数量真的非常麻烦！于是，我分别测量了每种串珠穿入100颗后的长度。大家穿入很多相同串珠时可以作为参考。另外，串珠的颗数越多，穿入串珠时对线的磨损也越大，所以建议每次穿入2~3m的长度，分成几次穿。

古董珠	约13.5cm
古董珠M	约17cm
古董珠L	约30cm
三角珠2.5mm	约20cm
三角珠3mm	约26cm

※串珠之间多少存在个体差异，所以即使穿入相同颗数的串珠，长度有时也会不一样。
表中所标出的长度为概数，仅供参考。

[实物大小]

上：古董珠100颗
下：古董珠M100颗

串珠编织（Ⅰ）

●拉出钩短针的线后移入串珠

一般织入串珠的方法是将线拉出后移入串珠再钩织短针。串珠会沿着针目横向及纵向排列。

用这个方法在短针中织入古董珠时，由于串珠与针目的大小不同，串珠之间会比较拥挤。所以，编织包包等圈数较多的作品时，在前一圈针目的后侧半针里挑针钩织"短针的条纹针"。

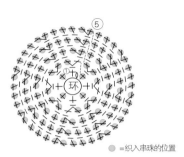

⑤

●=织入串珠的位置

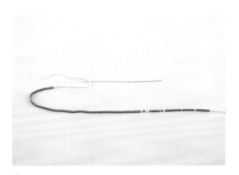

1. 在线中穿入所需颗数的串珠。

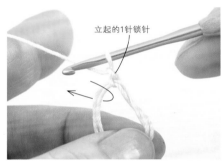

立起的1针锁针

2. 用线头环形起针，立织1针锁针。如箭头所示插入钩针，将线拉出。

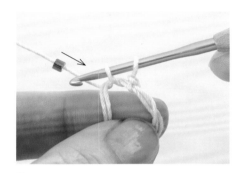

3. 移入1颗串珠。

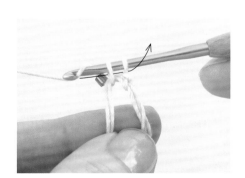

4. 在钩针上挂线，引拔穿过2个线圈。

5. 在1针短针中织入了串珠。

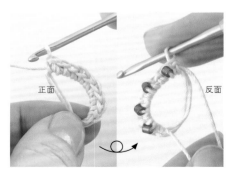

正面　　　　反面

6. 参照图解，每隔1针织入1颗串珠。串珠出现在织物的反面。

7. 收紧起针的线环。第1圈完成。

要领!
由于串珠的一面作为正面使用,所以将线头放到前面

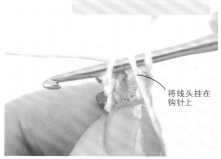

将线头挂在钩针上

8. 从第2圈开始钩织短针的条纹针。将线头从后往前挂在钩针上,在前一圈针目的后侧半针里插入钩针钩织短针。

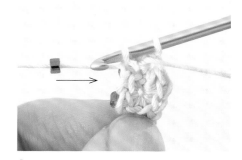

9. 第2针在第1针相同针目里插入钩针后将线拉出,移入1颗串珠。

10. 引拔穿过2个线圈钩织短针。第2圈在前一圈的每个针目里钩入2针。

11. 第1针没有串珠,第2、3、4针织入串珠。重复此操作。

正面　反面

12. 第2圈完成。在织物的前面,剩下的半针呈现条纹状。

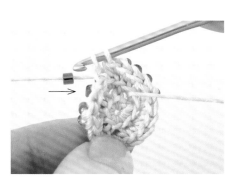

13. 接下来钩织第3圈。在前一圈针目的后侧半针里插入钩针后将线拉出,移入串珠钩织短针。重复此操作。

14. 从第3圈开始,所有针目里都要织入串珠。

15. 在每一圈的编织起点和编织终点的交界处,将线头夹在针目里做记号。

串珠编织（Ⅱ）

●拉出钩短针的线前移入串珠

移入串珠后再钩织短针，即在短针与短针的针目之间织入串珠。与针目相比，串珠呈斜向排列。

 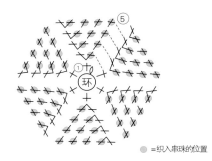

●=织入串珠的位置

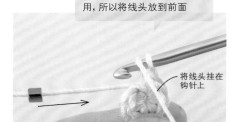

要领!
由于串珠的一面作为正面使用，所以将线头放到前面

将线头挂在钩针上

1. 在线中穿入所需颗数的串珠，用线头环形起针后开始编织。

2. 第1圈钩1针立起的锁针和6针短针，然后收紧起针的线环。

3. 第2圈的第1针将线头挂在钩针上，钩织前先移入串珠。

4. 在前一圈针目的头部插入钩针，如箭头所示将线拉出。

5. 再次挂线，一次引拔穿过2个线圈和线头。

6. 在1针短针中织入了串珠。

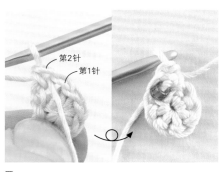

7. 第2圈在前一圈的每个针目里钩入2针，第2针没有织入串珠。

8. 每隔1针织入1颗串珠，钩织12针。

9. 第1圈没有串珠，第2圈每隔1针织入1颗串珠。串珠出现在织物的反面。

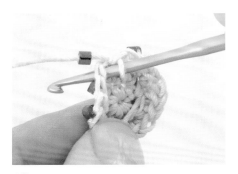

10. 第3圈在第1、2针里织入串珠，第3针没有织入串珠。重复此操作。

11. 继续钩织，1针放2针短针时加出的针目里不织入串珠。

12. 在每一圈的编织起点和编织终点的交界处，将线头夹在针目里做记号。

线头处理

将线头穿入钩条纹针时剩下的半针里或者针目里藏好。注意不要将线头露在织入串珠的那一面。

串珠编织研究室

如何看懂编织图

一般情况下，编织图解呈现的是从正面看到的状态。但是，串珠编织时，串珠出现在织物的反面，所以编织图呈现的是看不到串珠的那一面。按图解编织作品时，织物的反面会当作正面使用。因此，完成的花样与编织时呈左右相反状态，在设计文字以及有先后顺序的花样时就需要注意调整。

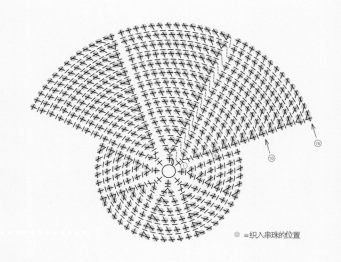

●=织入串珠的位置

编织结束时的收针方法　※为了方便辨认，图中使用了不同颜色的线头

1.将线头穿入手缝针，如图所示，将手缝针插入编织起点的第2针。

2.将手缝针往回插入结束时的针目中，将线拉出。

3.这样就形成了1针锁针与编织起点的第1针重叠，圈与圈之间的交界处就连在了一起。

关于串珠的织入方法

织入串珠的顺序不同，完成的织物会有什么不一样呢？
了解了不同的作品适合怎样的编织方法，以及自己喜欢哪种效果，串珠编织会变得更加有趣。

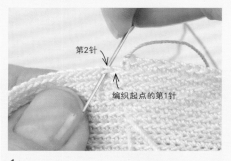

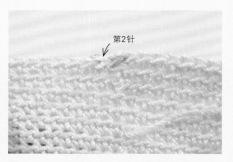

移入串珠后将线拉出（→p.26）：短针

在短针的针目之间织入串珠。与针目相比，串珠呈斜向排列，所以织入的串珠所占空间刚好与短针针目的大小一致。由于朝同一方向一圈一圈地钩织短针，串珠也朝着同一个方向倾斜着排列。织物也如图中所示呈倾斜的状态。

将线拉出后移入串珠（→p.24）：短针的条纹针

串珠在横向和纵向上几乎呈垂直状排列。在短针中织入像古董珠这种有一定高度的串珠时，串珠之间的空隙会很小，织物会变得硬邦邦的，没有伸缩性。因此，将短针改成短针的条纹针，使针目稍微增高一点，这样串珠与针目的比例才会比较合适。

加入串珠配色编织（→p.36）：钩短针的条纹针做配色编织

为了使花样的格子垂直排列，将线拉出后再移入串珠钩织。分别使用与串珠同色的线做配色编织，线的颜色与串珠的颜色相得益彰，花样更加清晰明了。因为无须渡线，将配色线包在里面钩织，针目比较容易出现高度，所以钩织时要特别留意将短针的针目钩得短一点。

织错时的补救技巧

明明是一针一针很小心地编织，可是难免会发生串珠加多了或者忘记加的情况。
下面向大家介绍这些情况下的处理方法，不妨试一下。

※为了方便辨认，图中使用了不同颜色的线和串珠

before

「1针里织入了2颗串珠！」

将织入的2颗串珠的其中1颗夹碎后去除。

要领!

串珠是玻璃制品，夹碎时要小
心，以免被飞出的碎屑伤到

after

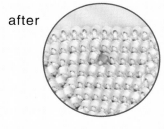

1.在要去除的串珠里插入手缝针挑起，将串
珠从编织线上抬高。

2.如图所示，用钳子夹住串珠，注意不要磨
损线。将串珠夹碎后去除。

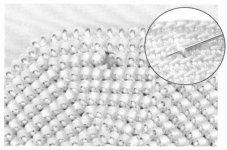

3.织入的2颗串珠中已经拿掉了1颗。从反
面拉动松弛的线进行调整。

before

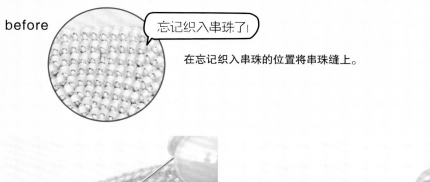

「忘记织入串珠了！」

在忘记织入串珠的位置将串珠缝上。

after

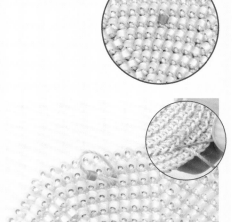

1.从正面(没有串珠的一面)插入手缝针，从
忘记织入串珠的位置出针。

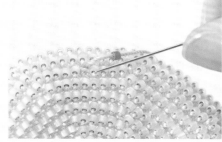

2.在线中穿入串珠，再插入织物从反面出针，
使串珠与相邻的串珠排在一起。

3.从正面拉线，调整串珠的位置。最后将手
缝线藏在针目里，处理好线头。

缝制内袋

考虑到口金包的耐用性,那就给它加一个内袋吧! 因为是很简单的手缝操作,所以不擅长缝纫也不用担心。
用喜欢的布料缝制内袋,制作一个全世界独一无二的口金包吧!

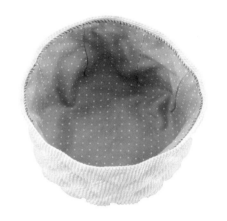

● **圆形底部的内袋**　※为了方便理解,图中使用了颜色较为显眼的线

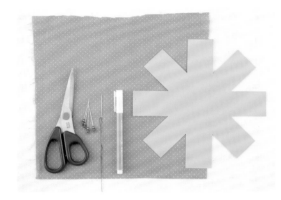

材料和工具
布(纸型大小 + 缝份)
裁缝剪刀
珠针
手缝针
手缝线
画线粉笔
纸型

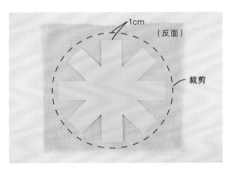

1. 将纸型描在布上,加上1cm的缝份,将布裁剪成圆形。

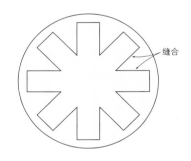

2. 对齐相邻的两条边折叠布,分别缝合。袋口在完成线外多缝1针。

3. 所有的边都缝合完成了。外面呈小口袋形状。

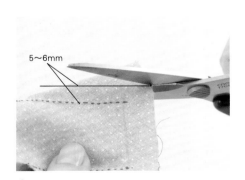

4. 在距离缝合线5~6mm处将小口袋剪掉。

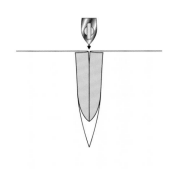

5. 将剪掉小口袋后的缝份向两侧展开,用熨斗熨平。

6. 所有的缝份都熨开了。布的正面朝内。

7. 将袋口的缝份向外翻折,然后用熨斗熨平。

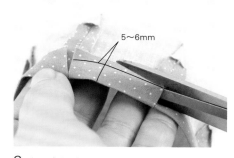

8. 在距离折痕5~6mm处剪掉多余的布边。

9. 将内袋的正面翻至外面,将口金包主体的串珠一面翻至里面,如图所示重叠主体和内袋,用珠针固定好。

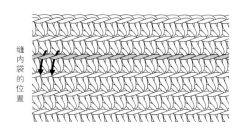

10. 图中所示是缝内袋时包包的里面。在主体缝份(2圈)下的条纹里插入手缝针,缝合内袋。

11. 按卷针缝的要领在主体的每一针条纹里插入手缝针进行缝合。

12. 缝合1圈后就完成了。

要领I
在翻折后的缝份上剪出牙口,相互重叠折好

●2片式缝合的内袋

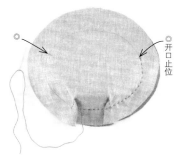

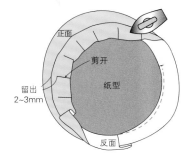

1. 在纸型基础上加1cm的缝份,裁剪2块布料,分别缝合打褶部位。

2. 将2块布料正面相对,预留返口进行缝合。

3. 贴合纸型将缝份翻至外侧并用熨斗熨平。对齐主体和内袋的返口,按圆形底部的内袋缝制步骤10~12的要领进行缝合。

安装口金

在主体上缝好内袋后，接下来就是安装口金了。口金要分2次安装，将侧边预留不缝的部分夹在中间。本书中使用的是有缝针孔的口金，安装方法有两种，一种是使包口部位鼓起的基础的安装方法，另一种是表面平整的安装方法。

材料和工具
口金／3号天蚕丝（强）／手缝针／胶水

口金

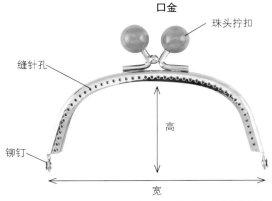

珠头拧扣

缝针孔

高

铆钉

宽

※使用的口金一般只标注宽度，但是，有时宽度和高度的比例不同，安装在主体上时尺寸可能会有出入

●基础的安装方法

由于安装后2圈的缝份位于口金包的内侧，口金和主体的交界处会呈现鼓起的状态。

※为了方便辨认，图中使用了彩色天蚕丝

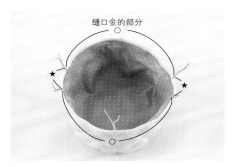

缝口金的部分

1.分别用记号线在缝口金的部分（○）与预留不缝的部分（★）的交界处，以及包口的中心做上标记。

约1cm

2.在手缝针中穿入天蚕丝，从预留不缝的位置将缝针插入主体的1圈短针下方的条纹中，插入1cm左右。

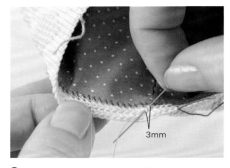

3mm

3.回针3mm左右，在天蚕丝线环中穿针打结。

4.在步骤3中的线结上涂上胶水固定。至此，天蚕丝线头的处理完成。

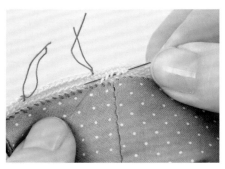

5.回到预留不缝的位置，从此处开始缝合口金。

6.将口金放在前面，主体放在后面，对齐拿好。从预留不缝位置的2圈下面出针，在口金最边缘的小孔内入针。

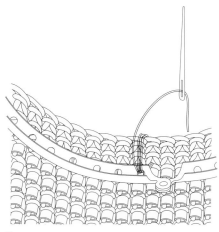

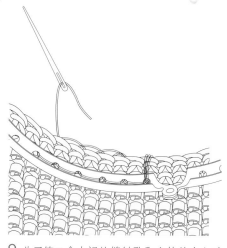

7.缝合起点在同一个小孔里来回缝2~3针固定。

8.如图所示，按1→2的顺序将缝针插入口金的小孔内，然后按3→2的顺序往回缝，接着按4→3→5→4→6→5的顺序即半回针缝的要领继续缝合。

9.为了使口金中间的缝针孔和主体的中心对齐，缝合时可均匀地跳过主体的针目进行适当调整。

要领!
由于天蚕丝有一定的弹性，针脚容易变松。但是也不能每逢1针就拉紧线，因为这样做线与小孔之间会产生摩擦可能导致断线。因此，要等全部缝好后再将所有针脚拉紧

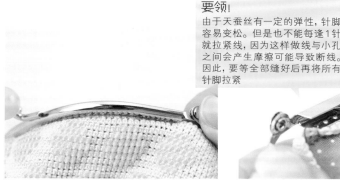

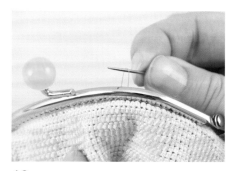

10.缝合至口金的中心位置时，确认是否有错位或歪斜现象。

11.主体的包口缝好了口金。接下来从缝合起点位置依次拉紧口金反面的天蚕丝。

12.拉紧针脚将多余的天蚕丝往后移，口金和织物的针脚就会变得紧密。缝合结束时，按缝合起点相同要领处理好线头。

●平整的安装方法

将口金的缝针孔与主体的最后一圈重叠起来缝合。由于没有缝份，口金和主体的交界处非常平整。

1.在最后一圈的条纹里挑针，按"基础的安装方法"步骤1~4处理好天蚕丝的线头。挑起主体最后一圈针目的头部2根线穿针，在口金一端的小孔里来回缝2~3针固定。

2.将主体放在前面，口金放在后面，对齐拿好。如图所示，将主体缝在口金的缝针孔上。

3.为了使口金中间的缝针孔和主体的中心对齐，缝合时可均匀地跳过主体的针目进行适当调整。

12

分别在2根线中穿入串珠，按配色编织的要领钩织花样。无须按顺序穿入串珠，这是一种全新的编织方法。

尺寸／（绿色、橘黄色）宽17cm、深12cm（不含口金），（黄色）宽13cm、深8cm（不含口金）

使用材料／串珠：MIYUKI（绿色、橘黄色）古董珠M、（黄色）古董珠

用线：DMC（绿色、橘黄色）BABYLO 10号、Cébélia 10号，（黄色）COTON PERLE 8号

编织方法／p.37

串珠编织（Ⅲ）

●加入串珠配色编织

准备2根线（同色或者不同色），分别在线中穿入2种颜色的串珠，按短针的配色编织要领织入串珠。
由于将渡线包在里面钩织，主体的内侧也呈现出非常清晰、漂亮的配色花样。

1. 分别在指定的线中穿入所需颗数的串珠。

2. 环形起针后开始编织。

3. 第1圈一边钩短针一边在指定位置织入串珠。

4. 从第2圈开始钩织短针的条纹针。串珠出现在织物的反面。

5. 更换串珠颜色时，换线钩织。

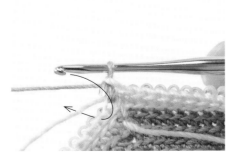

6. 无须渡线，将暂停编织的线包在针目里面一起钩织。

7. 由于将渡线包在里面钩织，针目容易变高，所以钩织时注意短针的针目要钩得短一点。

8. 织入串珠的配色花样出现在织物的反面。

12 …p.34

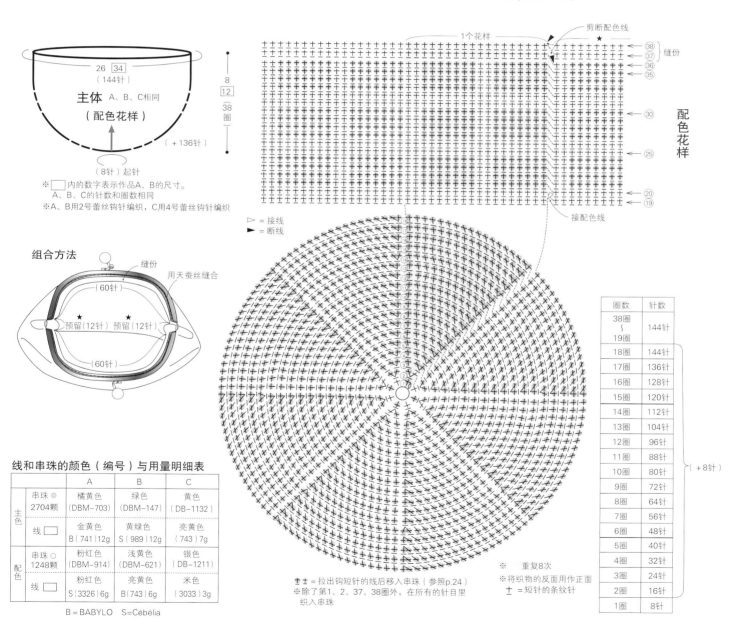

●材料和工具 ※串珠和用线请参照明细表

串珠…MIYUKI（绿色、橘黄色）古董珠M／（黄色）古董珠

用线…DMC（绿色、橘黄色）BABYLO 10号、Cébélia 10号／（黄色）COTON PERLE 8号

蕾丝钩针…（绿色、橘黄色）2号／（黄色）4号

其他…3号天蚕丝（强）少量，MIYUKI 10cm的月牙形珠头有孔口金S（绿色）黄色（Z0035051）／（橘黄色）五角星亮片（Z0037040）、（黄色）HAMANAKA包包专用口金宽7.5cm 银色（H207-004-2）

●成品尺寸

[A、B]宽17cm、深12cm（不含口金）

[C]宽13cm、深8cm（不含口金）

●编织方法

分别在线中穿入所需颗数的串珠。用线头环形起针后开始编织，一边织入串珠，一边在前一圈针目的后侧半针里挑针钩织短针的条纹针。将渡线包在针目里面一起编织配色花样，注意将短针的针目钩得短一点，使针目保持适当高度。由于串珠出现在织物的反面，所以将织物的反面用作正面。

组合：按"基础的安装方法"将口金缝在主体上（参照p.32、33）。

---

26 [34]（144针）

主体 A、B、C相同

（配色花样）

（+136针）

（8针）起针

8 [12] 38圈

※□内的数字表示作品A、B的尺寸。
　A、B、C的针数和圈数相同。

※A、B用2号蕾丝钩针编织，C用4号蕾丝钩针编织

▷ = 接线
► = 断线

组合方法

缝份
用天蚕丝缝合
（60针）
★ 预留（12针）预留（12针）★
（60针）

1个花样　剪断配色线　★

38
37　缝份
36
35

30

25

配色花样

20
19

接配色线

圈数	针数
38圈～19圈	144针
18圈	144针
17圈	136针
16圈	128针
15圈	120针
14圈	112针
13圈	104针
12圈	96针
11圈	88针
10圈	80针
9圈	72针
8圈	64针
7圈	56针
6圈	48针
5圈	40针
4圈	32针
3圈	24针
2圈	16针
1圈	8针

（+8针）

※ 重复8次
※将织物的反面用作正面
╪ = 短针的条纹针

╪╪ = 拉出钩短针的线后移入串珠（参照p.24）
※除了第1、2、37、38圈外，在所有的针目里织入串珠

线和串珠的颜色（编号）与用量明细表

		A	B	C
主色	串珠 ● 2704颗	橘黄色（DBM-703）	绿色（DBM-147）	黄色（DB-1132）
	线 □	金黄色 B（741）12g	黄绿色 S（989）12g	亮黄色（743）7g
配色	串珠 ○ 1248颗	粉红色（DBM-914）	浅黄色（DBM-621）	银色（DB-1211）
	线 □	粉红色 S（3326）6g	亮黄色 B（743）6g	米色（3033）3g

B = BABYLO　S=Cébélia

13

在花样中织入串珠的口金包，设计别致，配色充满浪漫气息。海扇形花样加上金属质感的银色串珠，给人一种清凉的感觉。

尺寸 / 宽14cm、深10.5cm（不含口金）
使用材料 / 串珠：MIYUKI古董珠M 切面珠
用线 / DMC Cébélia 10号
编织方法 / p.82

14

长方形的口金包可以用作眼镜盒或者笔盒等，非常方便。在小扇形花样的长针中织入串珠。

尺寸 / 宽8cm、深17.5cm（不含口金）
使用材料 / 串珠：MIYUKI古董珠M
用线 / DMC Cébélia 10号
编织方法 / p.81

15

使用与粉红色小包相同的花样钩织的手提包。看起来非常精细的串珠编织，用棉线和大颗粒的串珠也能轻松尝试哟！

尺寸／宽27.5cm、深20.5cm（不含提手）
使用材料／串珠：MIYUKI古董珠L　用线：粗棉线
编织方法／p.83

16

野葡萄般的紫红色口金包和深蓝泛紫的琉璃色口金包十分吸睛。这是连接6片花瓣的花片制作成的和风口金包。

尺寸／宽14.5cm、深10.5cm（不含口金）
使用材料／串珠：MIYUKI古董珠M　用线：DARUMA蕾丝线30号葵
教程／p.42　编织方法／p.84

17

葱绿色蕾丝线加上金色串珠钩织的手提口金包非常雅致。缀满花片中心的串珠看起来就像水珠一样。

尺寸／宽21.5cm、深17cm（不含口金和提手）
使用材料／串珠：MIYUKI古董珠M　用线：DARUMA蕾丝线30号葵
教程／p.42　编织方法／p.86

串珠编织（Ⅳ）

● **在长针中织入串珠** 一起来编织p.40、41的第16和第17款口金包中的花片吧！

※为了方便辨认，图中使用了不同的线和串珠

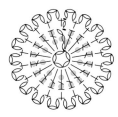

● =织入串珠的位置

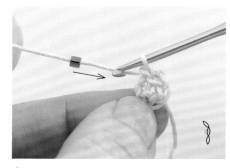

1.钩5针锁针，连接成环。接着立织3针锁针，注意移入串珠后再钩第2针锁针。

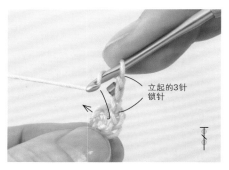

立起的3针锁针

2.在针头挂线，在起针的环中插入钩针后将线拉出。

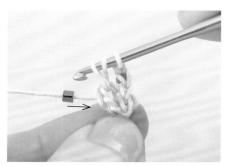

3.移入串珠后再次挂线，引拔穿过2个线圈。

4.移入第2颗串珠后再挂线，引拔穿过2个线圈。至此，在1针长针中织入了2颗串珠。

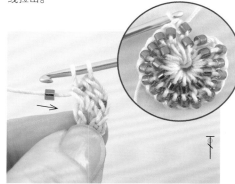

5.在1针长针中织入1颗串珠的情况，只需在步骤4中织入串珠即可。第1圈完成。

● **连接花片** 一边钩织第2圈的网格针，一边钩织短针与前面完成的花片相连接。

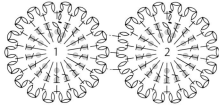

6.将有串珠的一面相对拿好，在待连接花片的网格针中插入钩针，将线拉出。

7.引拔穿过2个线圈钩织短针，花片就连接在一起了。

8.按相同要领将3个网格针连接在一起。然后，继续钩织未完成的花片。

●编织花朵小饰物

下面让我们一起编织p.44的第18款小饰物吧!

一开始就编织手提包和口金包觉得难度太大的朋友,先试试小饰物怎么样?

※为了方便辨认,图中使用了不同的线和串珠

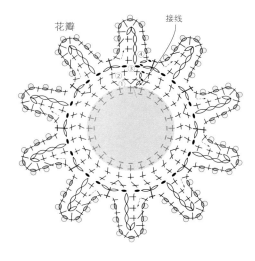

花瓣　接线

花蕊　前面

※后面钩织3圈的短针,无须织入串珠

○ =织入串珠的位置

1. 花蕊部分钩织有串珠和没有串珠的前后2个织片。在前面花蕊的中心缝上1颗串珠。

2. 接下来钩织花瓣的第1圈。将花蕊的前后2个织片正面朝内对齐,逐一挑起外侧半针钩织短针接合。

3. 留2cm左右的开口塞入填充棉,继续接合至最后。

4. 花瓣部分钩至第3圈后的状态。如箭头所示翻转织物。

5. 立织1针锁针,将前一圈的锁针包在里面,在前2圈的短针里插入钩针钩织短针。

6. 接着钩1针短针,移入串珠后再钩1针锁针。

7. 重复钩织"1针短针、移入串珠的1针锁针"。

8. 从织物的反面可以看到串珠排列在花瓣的外圈。

18

花朵小饰物在花蕊和花瓣周围都织入了串珠。这是用多余的线和串珠就可以轻松完成的串珠编织小物。

尺寸／直径（大花）5.5cm、（小花）4cm
使用材料／串珠：MIYUKI（大花）古董珠M、（小花）古董珠　用线：DMC（大花）Cébélia 10号、（小花）COTON PERLE 8号
教程／p.43　编织方法／p.88

排列

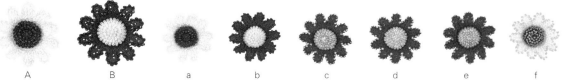

A B a b c d e f

19

从花样的编织终点逆向在线中穿入串珠后开始编织。后面只需按图解编织下去就可以呈现串珠的花样。

尺寸／3.5～4.5cm
使用材料／串珠：MIYUKI古董珠M　用线：DMC Cébélia 10号
编织方法／p.48

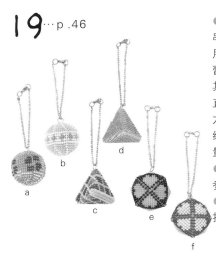

19…p.46

●材料和工具 ※串珠和用线请参照明细表
串珠…MIYUKI古董珠 M
用线…DMC Cébélia 10号 浅米色(739)各3g
蕾丝钩针…4号
其他…长13cm的链子(银色) K1503/S 各1条,
直径7mm的小圆环 K541/S 各3个, 10mm的
龙虾扣 K1650/10/S 各1个, [三角形小挂饰]厚
纸, [八角形小挂饰、球形小挂饰]填充棉 各少
量

●成品尺寸
参照图示

●编织方法
按指定顺序分别在线中穿入所需颗数的串珠。

[八角形小挂饰]和[球形小挂饰]用线头环形
起针后开始编织。[三角形小挂饰]钩锁针起
针, 连接成环状后开始编织。参照图解, 一边
织入串珠一边在前一圈针目的后侧半针里挑
针钩织短针的条纹针(参照p.24)。由于串珠
出现在织物的反面, 所以将织物的反面用作正
面。

组合:[三角形小挂饰]对齐相合记号塞入厚
纸作内芯, 再塞入填充棉后做卷针缝缝合;
[八角形小挂饰]对齐相合记号后做卷针缝缝
合, 在里面塞入填充棉;[球形小挂饰]塞入填
充棉后收紧剩下的针目;最后, 分别参照组合
方法图缝上小圆环并穿好链子。

球形小挂饰

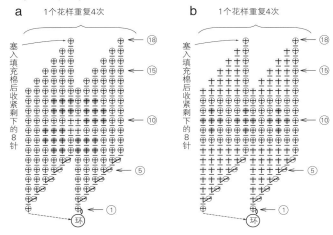

a 1个花样重复4次

b 1个花样重复4次

塞入填充棉后收紧剩下的8针

=拉出钩短针的线后移入串珠(参照p.24)

串珠的颜色(编号)与用量明细表

球形小挂饰

a	○银色透明(DBM-41)496颗、● 红色(DBM-723)112颗、○黄色(DBM-145)16颗
b	○白色(DBM-200)284颗、● 乳黄色(DBM-233)280颗、● 银色透明(DBM-41)60颗

※从第2圈开始无须钩织立起的锁针, 直接一圈一圈钩织。减针时不做2针并1针,
而是跳过1针不钩织
※将针目的反面用作正面

球形小挂饰a的串珠穿法

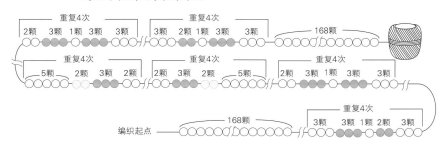

球形小挂饰b的串珠穿法

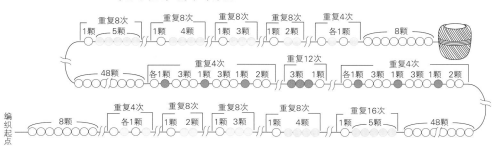

组合方法

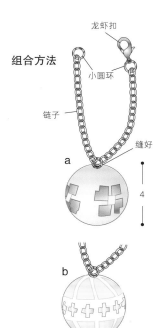

龙虾扣
小圆环
链子
缝好

串珠的颜色（编号）与用量明细表

三角形小挂饰

c	原白色（DBM-352）232颗、粉红色（DBM-62）144颗、蓝色（DBM-149）144颗
d	银色透明（DBM-41）232颗、蓝绿色（DBM-626）144颗、紫色（DBM-629）144颗

八角形小挂饰

e	黄绿色（DBM-860）260颗、深绿色（DBM-327）260颗
f	深粉色（DBM-362）260颗、米色（DBM-203）260颗

三角形小挂饰

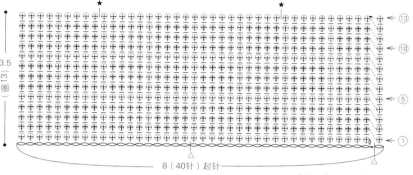

3.5
（13）圈

8（40针）起针

⊕⊥⊥⊥=拉出钩短针的线后移入串珠（参照p.24）

※将针目的反面用作正面

三角形小挂饰的配色

	c	d
A色 ○	原白色	银色透明
B色 ◐	粉红色	蓝绿色
C色 ●	蓝色	紫色

厚纸

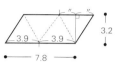

3.9 3.9 3.2
7.8

组合方法

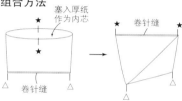

塞入厚纸作为内芯

卷针缝

卷针缝

三角形小挂饰的串珠穿法

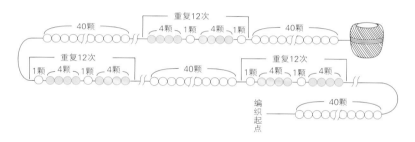

40颗　重复12次　4颗 1颗 4颗 1颗　40颗
重复12次　1颗 4颗 1颗 4颗　40颗　重复12次　1颗 4颗 1颗 4颗
编织起点
40颗

八角形小挂饰A面的串珠穿法　※B面将A色和B色互换穿入

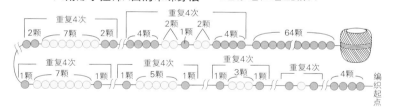

重复4次　2颗 7颗 2颗　重复4次　2颗 2颗　4颗　64颗
重复4次　1颗 7颗 1颗　1颗 4颗 1颗　重复4次　1颗 3颗 1颗　重复4次　4颗

编织起点

组合方法

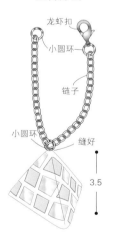

龙虾扣
小圆环
链子
小圆环
缝好

3.5

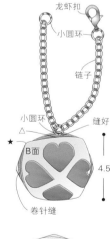

龙虾扣
小圆环
链子
小圆环　缝好
B面

4.5

卷针缝

A面

八角形小挂饰 A面

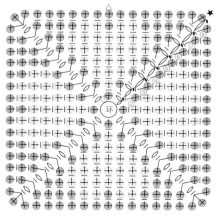

环

八角形小挂饰 B面

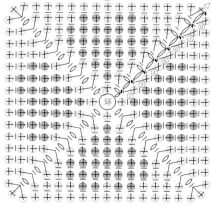

环

八角形小挂饰的配色

	e	f
A色 ○	黄绿色	深粉色
B色 ●	深绿色	米色

⊕⊥=拉出钩短针的线后移入串珠（参照p.24）
※将针目的反面用作正面
分别对齐相合记号（△、★）做卷针缝

20

在平针的每个针目之间移入1颗串珠进行编织。与钩针编织不同，串珠出现在织物的正反两面。

尺寸／（戒指）直径15mm、（手链）长15cm（主体）
使用材料／串珠：MIYUKI古董珠　用线：DMC COTON PERLE 8号
编织方法／p.52

串珠编织（Ⅴ）

●在平针中织入串珠

下面是大家期待已久的"棒针的串珠编织"！
先在线中穿入串珠，然后一边编织一边织入1颗颗的串珠，这与钩针编织是一样的。

※为了方便辨认，图中使用了不同的线

1. 按指定顺序在线中穿入串珠。钩锁针起针，然后挑针编织第1行。

2. 第2行织1针上针，移入1颗串珠。重复此操作。

3. 第2行完成。针目与针目之间织入了串珠。

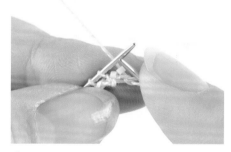

4. 第3行织1针下针，移入1颗串珠。重复此操作。

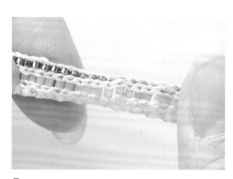

5. 重复步骤2~4，编织指定的行数。

6. 编织结束时做伏针收针。用蒸汽熨烫作品，然后纵向拉伸调整形状。

7. 如果是戒指，将编织起点和编织终点用卷针缝缝合成环形。

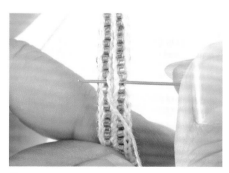

8. 如果是手链，交替在两端的1针里挑针做卷针缝缝合。

20 ···p.50

●**材料和工具** ※串珠和用线请参照明细表
串珠…MIYUKI古董珠
用线…DMC COTON PERLE 8号
针…串珠编织棒针 1.3mm, 蕾丝钩针4号
其他…[手链]长58mm的调节链(银色) K2577/S 各1条, 10mm的龙虾扣(银色) K1650/10/S 各1个, 直径4mm的小圆环 K538/S 各3个

●**成品尺寸**

[戒指] 直径15mm
[手链] 长15cm(主体)

●**编织方法**

按指定顺序分别在线中穿入所需颗数的串珠。用编织线钩锁针起针, 参照图解, 手链从第3行开始, 戒指从第2行开始, 一边在针目与针目之间移入串珠, 一边编织平针(参照p.51)。编织结束时从反面做伏针收针。

组合:参照图示, 在指定位置做卷针缝缝合; 手链用小圆环连接上龙虾扣和调节链。

A B C D E F

戒指的组合方法

卷针缝
1.5

A、B

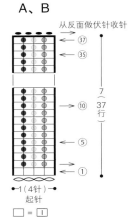

从反面做伏针收针

※起针用4号蕾丝钩针, 主体用1.3mm的棒针编织

线和串珠的颜色(编号)以及用量明细表

线	A		B	
	浅米色(739)	少量	浅米色(739)	少量
● 金色(DB-1832)		36颗	茶色(DB-612)	36颗
○ 原白色(DB-352)		36颗	浅蓝色(DB-878)	36颗
● 粉红色(DB-1840)		36颗	米色(DB-157)	36颗

串珠的穿法

重复18次
6颗

编织起点

C、D

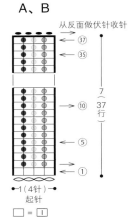

从反面做伏针收针

※起针用4号蕾丝钩针, 主体用1.3mm的棒针编织

线和串珠的颜色(编号)与用量明细表

线	C		D	
	蓝绿色(503)	少量	红色(347)	少量
● 蓝绿色(DB-1812)		78颗	红色(DB-378)	78颗
○ 原白色(DB-352)		30颗	原白色(DB-352)	30颗

串珠的穿法

重复6次
4颗 1颗 1颗 3颗 1颗 1颗 7颗

编织起点

E、F

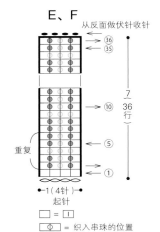

从反面做伏针收针

※起针用4号蕾丝钩针, 主体用1.3mm的棒针编织

线和串珠的颜色(编号)与用量明细表

线	E		F	
	浅粉色(818)	少量	米白色(3865)	少量
● 淡粉色(DB-624)		56颗	藏青色(DB-1763)	56颗
○ 金色(DB-1832)		49颗	原白色(DB-352)	49颗

串珠的穿法

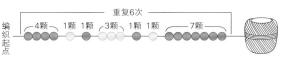

重复7次
1颗 1颗 2颗 1颗 1颗 3颗 1颗 1颗 2颗 1颗 1颗

编织起点

手链的组合方法

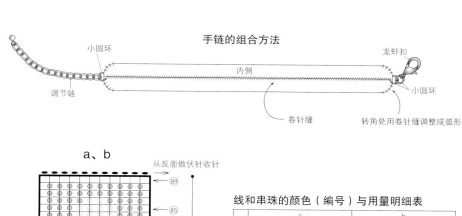

调节链　小圆环　内侧　卷针缝　转角处用卷针缝调整成弧形　龙虾扣　小圆环

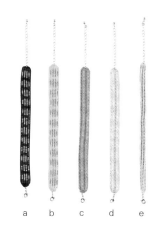

a　b　c　d　e

a、b

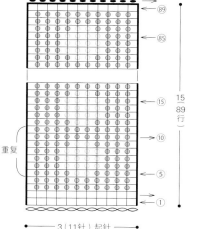

从反面做伏针收针

89
85
15（89行）
15
10
重复
5
1

●—3（11针）起针—

□ = ▯
Φ = 织入串珠的位置

※起针用4号蕾丝钩针，主体用1.3mm的棒针编织

线和串珠的颜色（编号）与用量明细表

线	a		b	
线	藏青色（311）	2g	黄色（726）	2g
●	蓝色（DB-1811）	668颗	黄色（DB-145）	668颗
○	原白色（DB-352）	192颗	灰色（DB-1168）	192颗

串珠的穿法

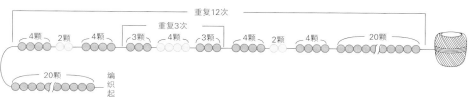

重复12次
4颗　2颗　4颗　3颗　4颗　3颗　4颗　2颗　4颗　20颗　重复3次
20颗　编织起点

c、d

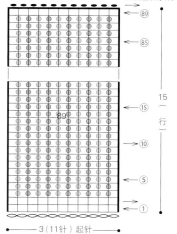

从反面做伏针收针

89
85
15（89行）
15
10
5
1

●—3（11针）起针—

□ = ▯
Φ = 织入串珠的位置

※起针用4号蕾丝钩针，主体用1.3mm的棒针编织

线和串珠的颜色（编号）与用量明细表

线	c		d	
线	浅绿色（368）	2g	灰米色（822）	2g
●	米色（DB-1571）	430颗	白色（DB-200）	430颗
●	黄绿色（DB-877）	430颗	金色（DB-1831）	430颗

串珠的穿法

重复43次
重复5次　重复5次
编织起点

e

从反面做伏针收针

89
85
15（89行）
15
10
5
1

●—2（7针）起针—

□ = ▯
Φ = 织入串珠的位置

※起针用4号蕾丝钩针，主体用1.3mm的棒针编织

线和串珠的颜色（编号）与用量明细表

线	e	
线	浅米色（739）	2g
●	粉红色（DB-1839）	516颗

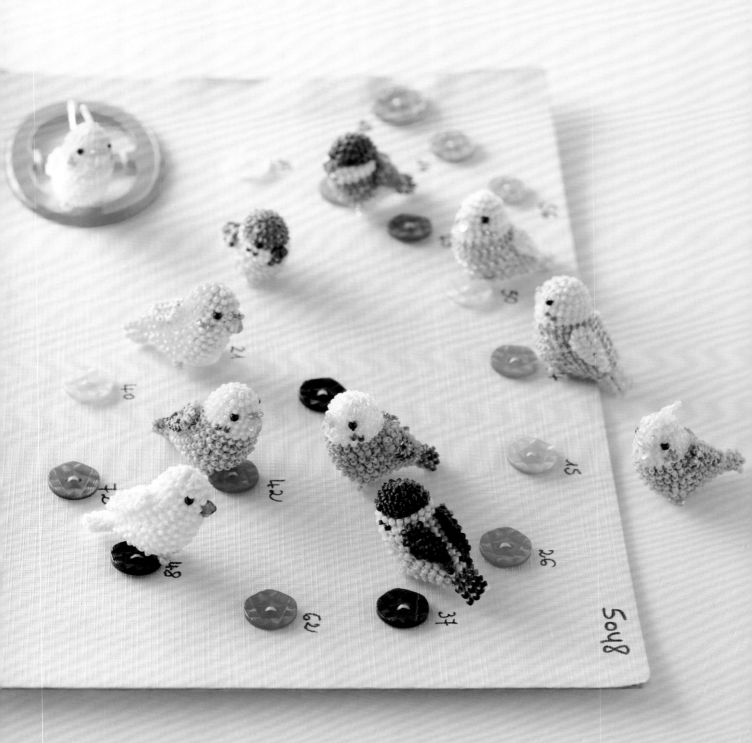

"Hi,正朝我们这边看呢！""看我！""好困啊……"
五颜六色、自由自在的小鸟。

啾啾啾

21

串珠编织的小鸟吉祥物，捏起一只放在手掌上，光是看着就让人不禁展露笑颜。

尺寸／3～3.5cm
使用材料／串珠：MIYUKI古董珠等　用线：DMC COTON PERLE 8号
编织方法／p.58～61

小麻雀，啾啾啾……
茶色和米色呈现出绝妙的配色效果。

紧紧相依的一对文鸟。
最吸引人的是那闪闪发光的施华洛世奇水晶珠鸟嘴。

玄凤鹦鹉"学习小组"。
似乎洋溢着智慧的气息呢!

串珠小专栏

松本薰式不断改进的小·鸟

非常喜欢精细的操作,要制作一件完全符合设计稿的原创手工作品,就必须不断地进行各种尝试。在小鸟成为现在的样子前,就反复尝试制作了各种版本。细小部位的调整和改进过程如果不做说明,大家可能无法理解。下面列举其中一小部分改进的地方。

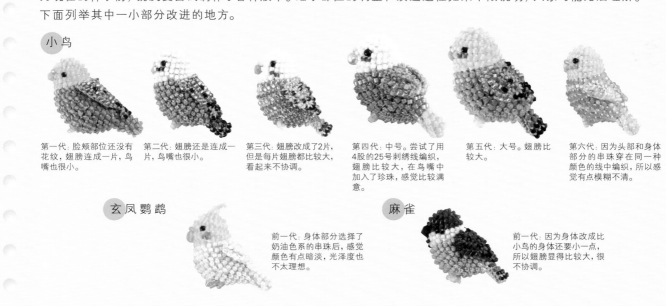

小鸟

第一代:脸颊部位还没有花纹,翅膀连成一片,鸟嘴也很小。

第二代:翅膀还是连成一片,鸟嘴也很小。

第三代:翅膀改成了2片,但是每片翅膀都比较大,看起来不协调。

第四代:中号。尝试了用4股的25号刺绣线编织,翅膀比较大,在鸟嘴中加入了珍珠,感觉比较满意。

第五代:大号。翅膀比较大。

第六代:因为头部和身体部分的串珠穿在同一种颜色的线中编织,所以感觉有点模糊不清。

玄凤鹦鹉

前一代:身体部分选择了奶油色系的串珠后,感觉颜色有点暗淡,光泽度也不太理想。

麻雀

前一代:因为身体改成比小鸟的身体还要小一点,所以翅膀显得比较大,很不协调。

21 …p.54

●**材料和工具** ※串珠和用线请参照明细表

串珠…MIYUKI古董珠、菱形珠5mm、烤漆珠2mm、施华洛世奇水晶珠5mm

用线…DMC COTON PERLE 8号

蕾丝钩针…4号

其他…填充棉

●**成品尺寸**

3~3.5cm

●**编织方法**

按指定顺序分别在线中穿入所需颗数的串珠。主体部分在头顶位置环形起针后开始编织。参照图解，一边织入串珠，一边在前一圈针目的后侧半针里挑针钩织短针的条纹针（参照p.24），注意眼睛和鸟嘴位置无须织入串珠。翅膀部分也与主体一样，一边织入串珠，一边钩织短针。由于串珠出现在织物的反面，所以将织物的反面用作正面，钩织至第15圈后，塞入填充棉。腹部一侧的尾巴部分无须织入串珠。翅膀部分加入串珠钩织2片。

组合:参照图示，在指定位置缝好翅膀、眼睛、鸟嘴、鼻子和脚。

●小鸟

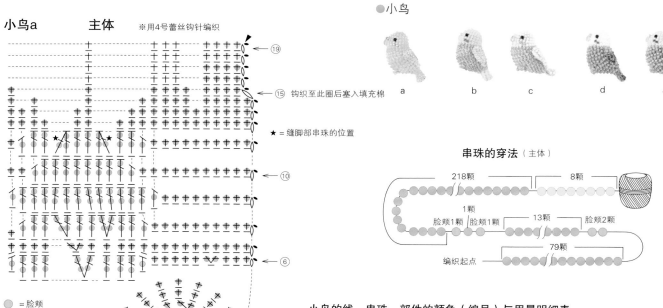

a　　b　　c　　d　　e

串珠的穿法（主体）

218颗　　　8颗

1颗

脸颊1颗　脸颊1颗　　13颗　　脸颊2颗

79颗

编织起点

小鸟a　　主体　　※用4号蕾丝钩针编织

⑲

⑮ 钩织至此圈后塞入填充棉

★＝缝脚部串珠的位置

⑩

⑥

● ＝脸颊

● ● ＝主体

缝眼睛串珠的位置

缝眼睛串珠的位置

缝鸟嘴串珠的位置

十 ＝短针的条纹针

丅 ＝中长针的条纹针

干 ＝长针的条纹针

► ＝断线

※将织物的反面用作正面

十 十 十 ＝拉出钩短针的线后移入串珠（参照p.24）

翅膀 2片 ※每片需要19颗串珠

1

2

小鸟的线、串珠、部件的颜色（编号）与用量明细表

		COTON PERLE 8号	古董珠	其他串珠
a	主体、翅膀	黄色（726）10m	● 亚黄色（DB-1592）311颗 ○ 金色（DB-42）46颗	4.5mm的菱形珠 黄色透明（H4878S/2号）1颗 2mm的烤漆珠 黑色（K266/2）2颗
	脚		亚白色（DB-389）12颗	
	鼻子、脸颊		● 金粉色（DB-1839）7颗	

组合方法

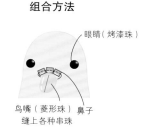

眼睛（烤漆珠）

鸟嘴（菱形珠） 鼻子

缝上各种串珠

缝上翅膀

背部

（7圈）

（3针）

翅膀　翅膀

腹部

缝在脚部位置（★）

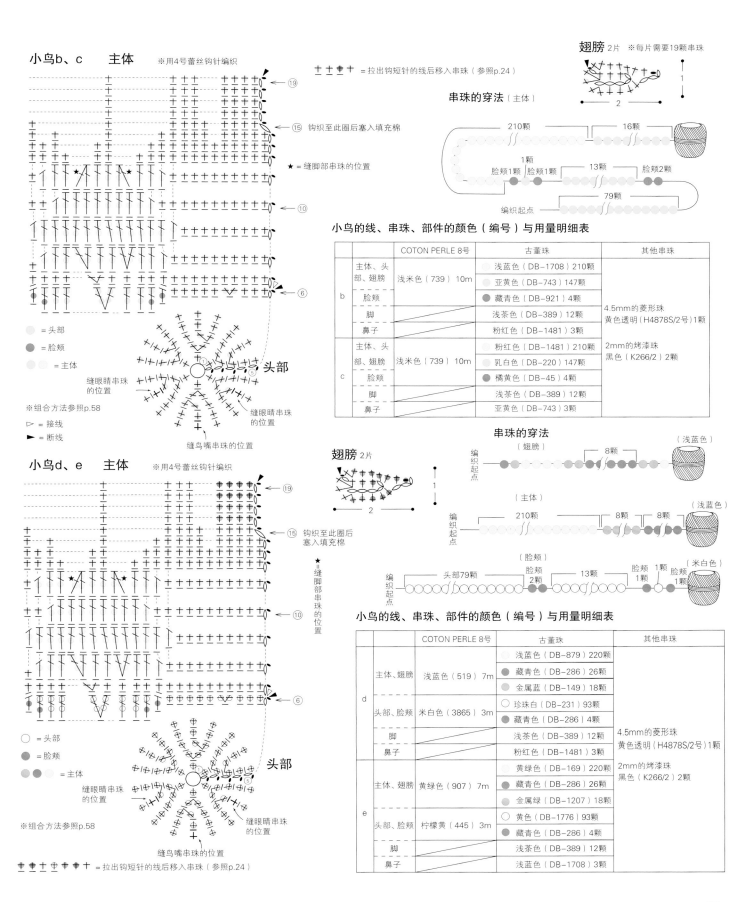

小鸟b、c　主体　※用4号蕾丝钩针编织

十 十 ♦ 十 =拉出钩短针的线后移入串珠（参照p.24）

⑲
⑮ 钩织至此圈后塞入填充棉
★=缝脚部串珠的位置
⑩
⑥

○=头部
●=脸颊
○○=主体

缝眼睛串珠的位置
头部
缝眼睛串珠的位置
缝鸟嘴串珠的位置

※组合方法参照p.58
▷=接线
►=断线

小鸟d、e　主体　※用4号蕾丝钩针编织

⑲
⑮ 钩织至此圈后塞入填充棉
★=缝脚部串珠的位置
⑩
⑥

○=头部
●●=脸颊
●●○=主体

缝眼睛串珠的位置
头部
缝眼睛串珠的位置
缝鸟嘴串珠的位置

※组合方法参照p.58

十 ♦ 十 十 ♦ 十 =拉出钩短针的线后移入串珠（参照p.24）

翅膀 2片　※每片需要19颗串珠
1
2

串珠的穿法（主体）
210颗　16颗
1颗
脸颊1颗　脸颊1颗　13颗　脸颊2颗
79颗
编织起点

小鸟的线、串珠、部件的颜色（编号）与用量明细表

		COTON PERLE 8号	古董珠	其他串珠
b	主体、头部、翅膀	浅米色（739）10m	浅蓝色（DB-1708）210颗 / 亚黄色（DB-743）147颗	4.5mm的菱形珠 黄色透明（H4878S/2号）1颗
	脸颊		藏青色（DB-921）4颗	
	脚		浅茶色（DB-389）12颗	
	鼻子		粉红色（DB-1481）3颗	
c	主体、头部、翅膀	浅米色（739）10m	粉红色（DB-1481）210颗 / 乳白色（DB-220）147颗	2mm的烤漆珠 黑色（K266/2）2颗
	脸颊		橘黄色（DB-45）4颗	
	脚		浅茶色（DB-389）12颗	
	鼻子		亚黄色（DB-743）3颗	

翅膀 2片
1
2

串珠的穿法

（翅膀）（浅蓝色）
8颗
编织起点

（主体）（浅蓝色）
210颗　8颗　8颗
编织起点

（脸颊）（米白色）
头部79颗　脸颊2颗　13颗　脸颊1颗　1颗　脸颊1颗
编织起点

小鸟的线、串珠、部件的颜色（编号）与用量明细表

		COTON PERLE 8号	古董珠	其他串珠
d	主体、翅膀	浅蓝色（519）7m	浅蓝色（DB-879）220颗 / 藏青色（DB-286）26颗 / 金属蓝（DB-149）18颗	4.5mm的菱形珠 黄色透明（H4878S/2号）1颗
	头部、脸颊	米白色（3865）3m	珍珠白（DB-231）93颗 / 藏青色（DB-286）4颗	
	脚		浅茶色（DB-389）12颗	
	鼻子		粉红色（DB-1481）3颗	
e	主体、翅膀	黄绿色（907）7m	黄绿色（DB-169）220颗 / 藏青色（DB-286）26颗 / 金属绿（DB-1207）18颗	2mm的烤漆珠 黑色（K266/2）2颗
	头部、脸颊	柠檬黄（445）3m	黄色（DB-1776）93颗 / 藏青色（DB-286）4颗	
	脚		浅茶色（DB-389）12颗	
	鼻子		浅蓝色（DB-1708）3颗	

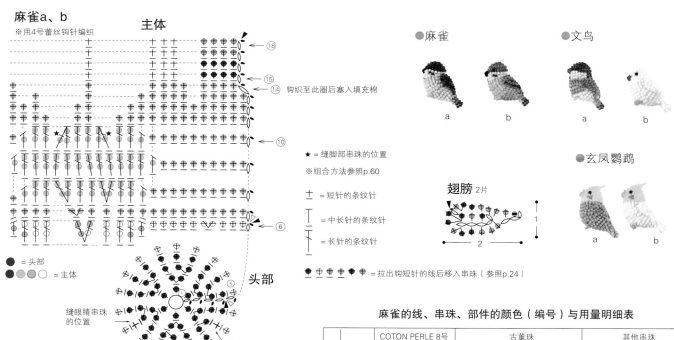

麻雀a、b

主体

※用4号蕾丝钩针编织

⑱
⑮
⑭ 钩织至此圈后塞入填充棉
⑩
⑥

● = 头部
●●●○ = 主体

▷ = 接线
► = 断线

头部

缝眼睛串珠的位置
缝眼睛串珠的位置
缝鸟嘴串珠的位置

● = 缝脚部串珠的位置
※组合方法参照p.60

翅膀 2片

十 = 短针的条纹针
| = 中长针的条纹针
† = 长针的条纹针

= 拉出钩短针的线后移入串珠（参照p.24）

●麻雀

a b

●文鸟

a b

●玄凤鹦鹉

a b

串珠的穿法

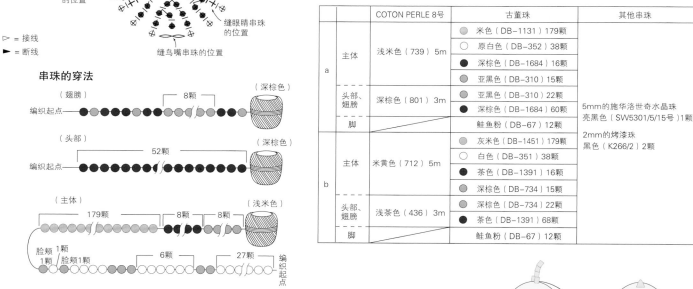

（翅膀）　　　8颗　　　（深棕色）
编织起点

（头部）
编织起点　　　52颗　　　（深棕色）

（主体）　179颗　　8颗　8颗　（浅米色）
脸颊1颗
脸颊1颗　　　6颗　　　27颗　编织起点

麻雀、文鸟的组合方法

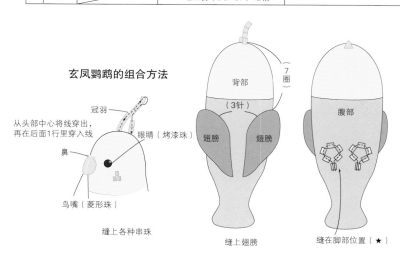

背部
6圈
（3针）
翅膀　翅膀
（1针）
缝上翅膀

眼睛（烤漆珠）
鸟嘴（施华洛世奇水晶珠）
缝上各种串珠

玄凤鹦鹉的组合方法

从头部中心将线穿出，再在后面1行里穿入线
冠羽
眼睛（烤漆珠）
鼻
鸟嘴（菱形珠）
缝上各种串珠

背部
7圈
（3针）
翅膀　翅膀
缝上翅膀

腹部
缝在脚部位置（●）

麻雀的线、串珠、部件的颜色（编号）与用量明细表

		COTON PERLE 8号	古董珠	其他串珠
a	主体	浅米色（739）5m	○ 米色（DB-1131）179颗	5mm的施华洛世奇水晶珠亮黑色（SW5301/5/15号）1颗 2mm的烤漆珠黑色（K266/2）2颗
			○ 原白色（DB-352）38颗	
			● 深棕色（DB-1684）16颗	
			亚黑色（DB-310）15颗	
	头部、翅膀	深棕色（801）3m	亚黑色（DB-310）22颗	
			深棕色（DB-1684）60颗	
	脚		鲑鱼粉（DB-67）12颗	
b	主体	米黄色（712）5m	灰米色（DB-1451）179颗	
			○ 白色（DB-351）38颗	
			● 茶色（DB-1391）16颗	
			深棕色（DB-734）15颗	
	头部、翅膀	浅茶色（436）3m	深棕色（DB-734）22颗	
			茶色（DB-1391）68颗	
	脚		鲑鱼粉（DB-67）12颗	

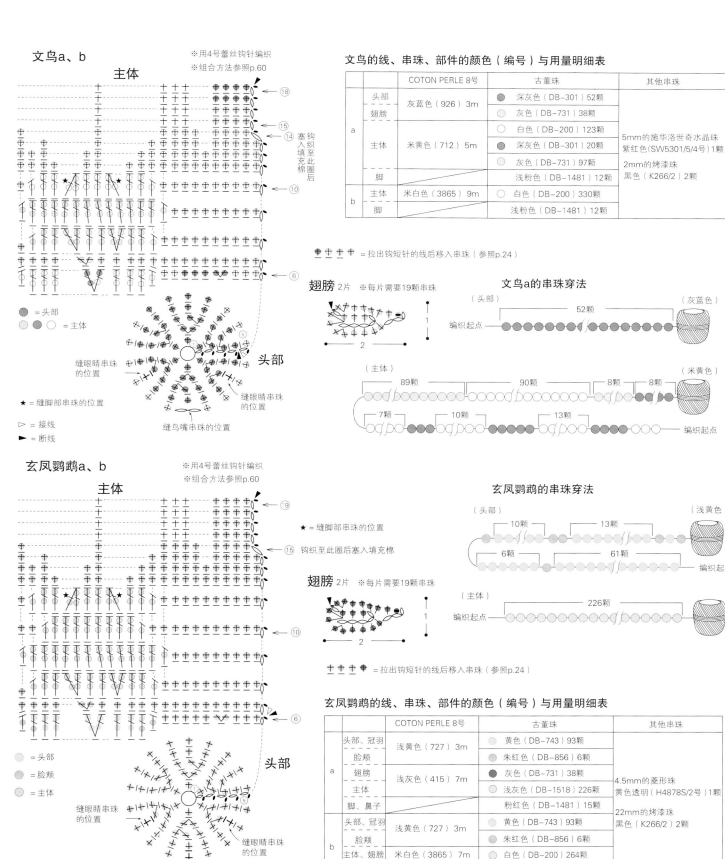

文鸟a、b

主体

※用4号蕾丝钩针编织
※组合方法参照p.60

塞钩入织填至充此棉圈后

18
15
14
10
6

● = 头部
○ ● ○ = 主体

★ = 缝脚部串珠的位置

▷ = 接线
► = 断线

缝眼睛串珠的位置
缝眼睛串珠的位置
缝鸟嘴串珠的位置

头部

文鸟的线、串珠、部件的颜色（编号）与用量明细表

		COTON PERLE 8号	古董珠	其他串珠
a	头部	灰蓝色（926）3m	● 深灰色（DB-301）52颗	
	翅膀		○ 灰色（DB-731）38颗	5mm的施华洛世奇水晶珠 紫红色（SW5301/5/4号）1颗
	主体	米黄色（712）5m	○ 白色（DB-200）123颗	
			● 深灰色（DB-301）20颗	2mm的烤漆珠 黑色（K266/2）2颗
			○ 灰色（DB-731）97颗	
	脚		浅粉色（DB-1481）12颗	
b	主体	米白色（3865）9m	○ 白色（DB-200）330颗	
	脚		浅粉色（DB-1481）12颗	

ᛃ ᛃ ᛃ = 拉出钩短针的线后移入串珠（参照p.24）

翅膀 2片 ※每片需要19颗串珠

文鸟a的串珠穿法

（头部）　52颗　（灰蓝色）
编织起点

（主体）
89颗　90颗　8颗　8颗　（米黄色）
7颗　10颗　13颗
编织起点

玄凤鹦鹉a、b

主体

※用4号蕾丝钩针编织
※组合方法参照p.60

★ = 缝脚部串珠的位置

钩织至此圈后塞入填充棉

19
15
10
6

翅膀 2片 ※每片需要19颗串珠

○ = 头部
● = 脸颊
○ = 主体

缝眼睛串珠的位置
缝眼睛串珠的位置
缝鸟嘴串珠的位置

头部

玄凤鹦鹉的串珠穿法

（头部）　　　（浅黄色）
10颗　13颗
6颗　61颗
编织起点

（主体）
226颗
编织起点

ᛃ ᛃ ᛃ = 拉出钩短针的线后移入串珠（参照p.24）

玄凤鹦鹉的线、串珠、部件的颜色（编号）与用量明细表

		COTON PERLE 8号	古董珠	其他串珠
a	头部、冠羽	浅黄色（727）3m	○ 黄色（DB-743）93颗	
	脸颊		● 朱红色（DB-856）6颗	
	翅膀	浅灰色（415）7m	● 灰色（DB-731）38颗	4.5mm的菱形珠 黄色透明（H4878S/2号）1颗
	主体		○ 浅灰色（DB-1518）226颗	22mm的烤漆珠 黑色（K266/2）2颗
	脚、鼻子		粉红色（DB-1481）15颗	
b	头部、冠羽	浅黄色（727）3m	○ 黄色（DB-743）93颗	
	脸颊		● 朱红色（DB-856）6颗	
	主体、翅膀	米白色（3865）7m	○ 白色（DB-200）264颗	
	脚、鼻子		浅粉色（DB-1481）15颗	

假装是个冒险家……

请跳上一曲吧！

兴趣？
园艺。

呱呱

就算你四脚朝天
撒娇也没用哟！

22

缝上胸针或者装上链子，出门时就能戴着它。不妨用串珠编织一个青蛙吉祥小物吧！

尺寸／4～5.5cm

使用材料／串珠：MIYUKI古董珠等　用线：DMC COTON PERLE 8号

编织方法／p.64

22 …p.63

● **材料和工具** ※串珠和用线请参照明细表
串珠…MIYUKI古董珠、大号圆珠、烤漆珠 3mm
用线…DMC COTON PERLE 8号
蕾丝钩针…4号
其他…填充棉

● **成品尺寸**
参照图示

● **编织方法**
分别在线中穿入所需颗数的串珠。钩锁针起

针后开始编织。参照图解，一边织入短针的串珠，一边在前一圈针目的后侧半针里挑针钩织短针的条纹针（参照p.24）。分别钩织背部和腹部各1片。由于串珠出现在织物的反面，所以将织物的反面用作正面。

组合：将主体有串珠的一面朝外对齐，用卷针缝缝合背部和腹部，中途塞入填充棉；制作并固定手指和脚趾，最后缝上眼睛。

a　　b　　c

d　　e

线、串珠、部件的颜色（编号）与用量明细表

		COTON PERLE 8号	古董珠	其他串珠
a	腹部	米黄色（712）少量	透明（DB-1409）153颗	大号圆珠 浅黄色132号（733号）12颗 3mm的烤漆珠 黑色（K266/3）2颗
	背部	柠檬黄（445）1g	黄色（DB-1776）227颗	
b	腹部	浅橘黄色（745）少量	奶油色（DB 53）153颗	大号圆珠 黄色6号（703号）12颗 3mm的烤漆珠 黑色（K266/3）2颗
	背部	嫩绿色（704）1g	黄绿色（DB 1206）227颗	

背部 ※全部用4号蕾丝钩针编织
※穿入195颗串珠

十 十 十 十 ＝拉出钩短针的线后移入串珠（参照p.24）

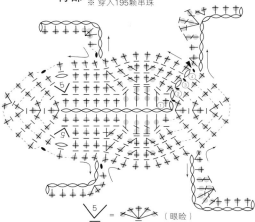

／5＼ ＝ （眼睑）

腹部
※穿入153颗串珠

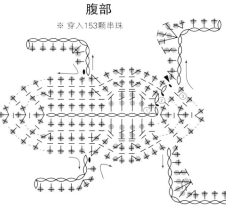

▶ ＝断线
※将织物的反面用作正面
± ＝短针的条纹针
ⵏ ＝在中长针中织入串珠
ⵏ ＝在长针中织入2颗串珠

线、串珠、部件的颜色（编号）与用量明细表

		COTON PERLE 8号	古董珠	其他串珠
c	腹部	浅驼色（738）0.5g	米色（DB-1131）155颗	大号圆珠 浅黄色132号（733号）12颗 3mm的烤漆珠 黑色（K266/3）2颗
	背部	蓝绿色（503）0.7g	蓝绿色（DB-904）197颗＋32颗	

背部 ※全部用4号蕾丝钩针编织
※穿入195颗串珠　　十 十 十 十 ＝拉出钩短针的线后移入串珠（参照p.24）

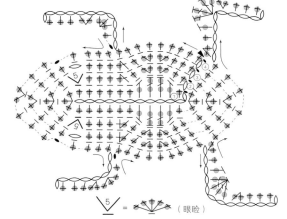

／5＼ ＝ （眼睑）

腹部
※穿入153颗串珠

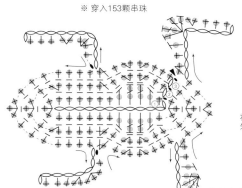

组合方法

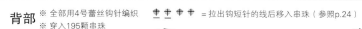

眼睛（烤漆珠）

背部

腹部

3

将有串珠的一面朝外对齐，一边塞入填充棉一边做卷针缝

5.5

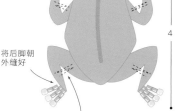

将后脚朝外缝好

4

用同一种线将前、后腿缝成想要的造型

线、串珠、部件的颜色（编号）与用量明细表

		COTON PERLE 8号	古董珠	其他串珠	
d	腹部	浅米色（739）0.5g	原白色（DB-883）153颗	大号圆珠 黄色6号（703号）12颗	
	背部	灰绿色（3347）0.7g	绿色（DB-274）195颗+32颗	3mm的烤漆珠 黑色（K266/3）2颗	
e	腹部	浅米色（739）0.5g	浅黄色（DB-53）153颗	大号圆珠 金色#3（702号）12颗	
	背部	灰黄绿色（3348）0.7g	金黄色（DB-1835）195颗+32颗	大号圆珠 金色#3（702号）12颗	

手指和脚趾的制作方法

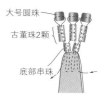

大号圆珠
古董珠2颗
底部串珠

背部
※ 全部用4号蕾丝钩针编织
※ 穿入195颗串珠

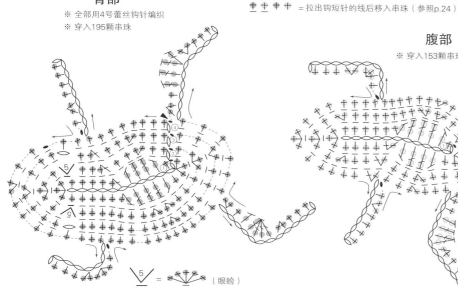

╪ ╪ ╪ ╪ =拉出钩短针的线后移入串珠（参照p.24）

腹部
※ 穿入153颗串珠

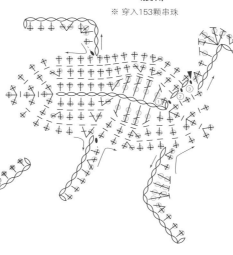

⑤ = （眼睑）

组合方法

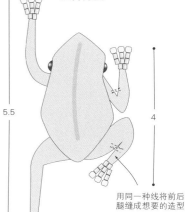

5.5

4

用同一种线将前后腿缝成想要的造型

在2针短针并1针里织入串珠

（织入2颗串珠）
※作品是在锁针的里山挑针

1. 在前一行针目头部的后侧1根线里挑针将线拉出，移入串珠。如箭头所示将线拉出。

2. 在下一个针目里插入钩针将线拉出，移入串珠。挂线，一次引拔穿过钩针上的3个线圈。

（织入1颗串珠）
※作品是在前一行针目的后侧1根线里挑针

1. 在前一行的针目里插入钩针，挂线，将线拉出。

2.接着移入串珠，在下一个针目里插入钩针，将线拉出。

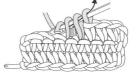

3.在2针未完成的短针的状态下，挂线，一次引拔穿过3个线圈。

4.在2针短针并1针里织入1颗串珠完成。串珠出现在织物的反面。

在2针长针并1针里织入串珠

1.在钩针上挂线，在指定位置插入钩针。

2.将线拉出，移入串珠。在钩针上挂线，一次引拔穿过2个线圈（未完成的长针）。

3.在钩针上挂线，在下一个针目里插入钩针。

4.将线拉出，移入串珠。挂线引拔穿过2个线圈，再钩1针未完成的长针。

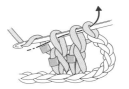

5.移入串珠，在钩针上挂线，一次引拔穿过钩针上的3个线圈。

6.在2针长针并1针里织入串珠完成。串珠出现在织物的反面。

…作品图 p.4、5

●**材料和工具** ※串珠和用线请参照明细表
串珠…MIYUKI古董珠
用线…DMC COTON PERLE 8号
蕾丝钩针…4号
其他…3号天蚕丝(强)少量,SOHIRO(蓝色)9.5cm的塑料珠头口金 JTM-B88S 842号冰蓝色／(黄色)9.5cm的实木珠头口金 JTM-B91S 702号象牙色,内袋用布18cm×25cm

●**成品尺寸**
宽14cm、深11cm(不含口金)

●**编织方法**
分别在线中穿入所需颗数的串珠。在底部中心钩锁针起针后开始编织。参照图解,一边在图中所示位置织入串珠,一边在前一圈针目后侧半针里挑针钩织短针的条纹针(参照p.24)。由于串珠出现在织物的反面,所以将织物的反面用作正面。

组合:制作内袋,用卷针缝缝在包口(参照p.30、31);按"基础的安装方法"将口金缝在主体上(参照p.32、33)。

中心

← 48 缝份
← 45
← 40

← 20
← 15
← 10
← 5
← 1

※将针目的反面用作正面
十 十 = 拉出钩短针的线后移入串珠(参照p.24)

主体
(短针的条纹针)

侧面

9.5 48圈

28 (160针)挑针

10圈

4

锁针(40针)起针

14

底部 (配色花样)

※全部用4号蕾丝钩针编织

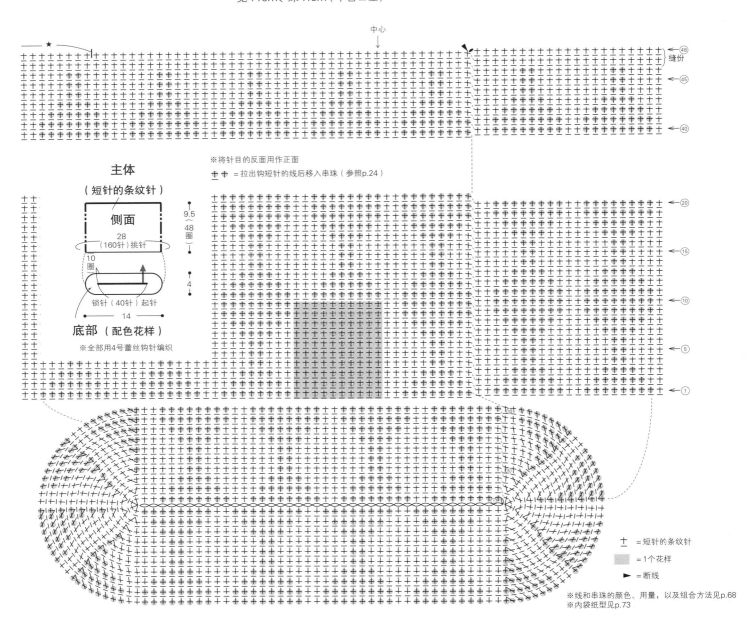

十 =短针的条纹针
▨ =1个花样
► =断线

※线和串珠的颜色、用量,以及组合方法见p.68
※内袋纸型见p.73

3…作品图 p.7

●**材料和工具** ※串珠和用线请参照明细表
串珠…MIYUKI古董珠
用线…DMC COTON PERLE 8 号
蕾丝钩针…4 号
其他…3 号天蚕丝（强）少量，SOHIRO 9.5cm
的塑料珠头口金 JTM–B88S 700 号米白色，
内袋用布 18cm×25cm
●**成品尺寸**
宽 14cm、深 11cm（不含口金）

●**编织方法**
在线中穿入所需颗数的串珠。在底部中心钩锁
针起针后开始编织。参照图解，一边在图中所
示位置织入串珠，一边在前一圈针目的后侧半
针里挑针钩织短针的条纹针（参照 p.24）。由
于串珠出现在织物的反面，所以将织物的反面
用作正面。
组合：制作内袋，用卷针缝缝在包口（参照 p.30、
31）；按"基础的安装方法"将口金缝在主体上
（参照 p.32、33）。

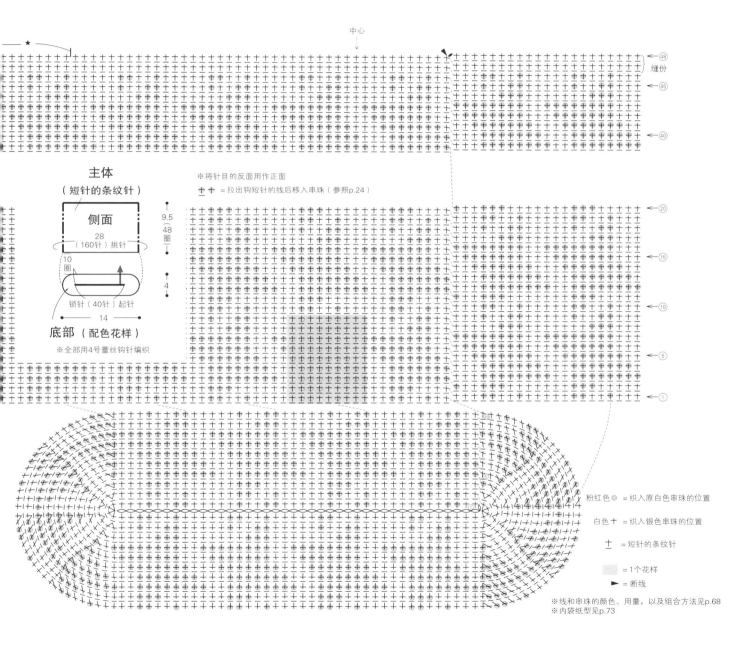

主体
（短针的条纹针）

侧面
28（160针）挑针
9.5（48圈）

10 圈
锁针（40针）起针
4
14

底部（配色花样）

※将针目的反面用作正面
十 中 ＝拉出钩短针的线后移入串珠（参照 p.24）

※全部用4号蕾丝钩针编织

中心

缝份
48 45 40 20 15 10 5 1

粉红色 ◉ ＝织入原白色串珠的位置
白色 十 ＝织入银色串珠的位置
十 ＝短针的条纹针
▨ ＝1个花样
► ＝断线

※线和串珠的颜色、用量，以及组合方法见p.68
※内袋纸型见p.73

2 …作品图 p.6

●材料和工具

串珠…MIYUKI古董珠M 金色(DBM-150) 8860
颗／83g

用线…DMC BABYLO 10号 浅茶色(437) 135g／
3团

蕾丝钩针…2号

其他…3号天蚕丝(强)少量，INAZUMA
穿杆式口金 BK-1052(银色)，内袋用
布 56cm×18.5cm，内衬底板(厚纸板)
23cm×5cm 1片

●成品尺寸

宽26.5cm、深16cm(不含口金)

●编织方法

在线中穿入所需颗数的串珠。在底部中心钩锁
针起针后开始编织。参照图解钩织底部。一
边在图中所示位置织入串珠，一边在前一圈
针目的后侧半针里挑针钩织短针的条纹针(参
照p.24)。再钩织1片底部，无须织入串珠。在
2片底部中间夹入内衬底板，再在2片底部的
针目里一起挑针钩织侧面的第1圈。由于串珠
出现在织物的反面，所以将织物的反面用作正
面。

组合：制作内袋，用卷针缝缝在包口；用天蚕丝
将口金缝在主体上。

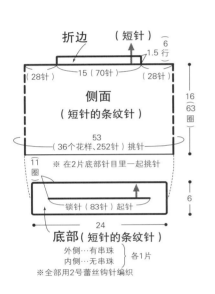

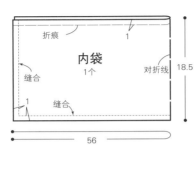

组合方法

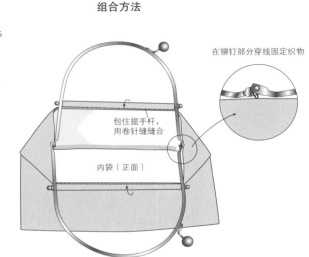

在铆钉部分穿线固定织物

包住提手杆，
用卷针缝缝合

内袋(正面)

....

●接作品।、3

组合方法

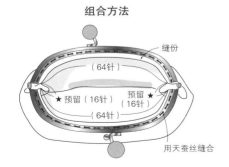

缝份

(64针)

★预留(16针) 预留★
(16针)

(64针)

用天蚕丝缝合

线和串珠的颜色(编号)与用量明细表

作品।

	COTON PERLE 8号	串珠
蓝色	藏青色(311)18g	浅蓝色(DB-1209) 4168颗
黄色	淡黄色(744)18g	苔绿色(DB-263) 4168颗

作品3

	COTON PERLE 8号	串珠
玫红色	深玫红色(600)18g	原白色(DB-883) 4492颗
白色	米白色(3865)18g	银色(DB-1211) 4108颗

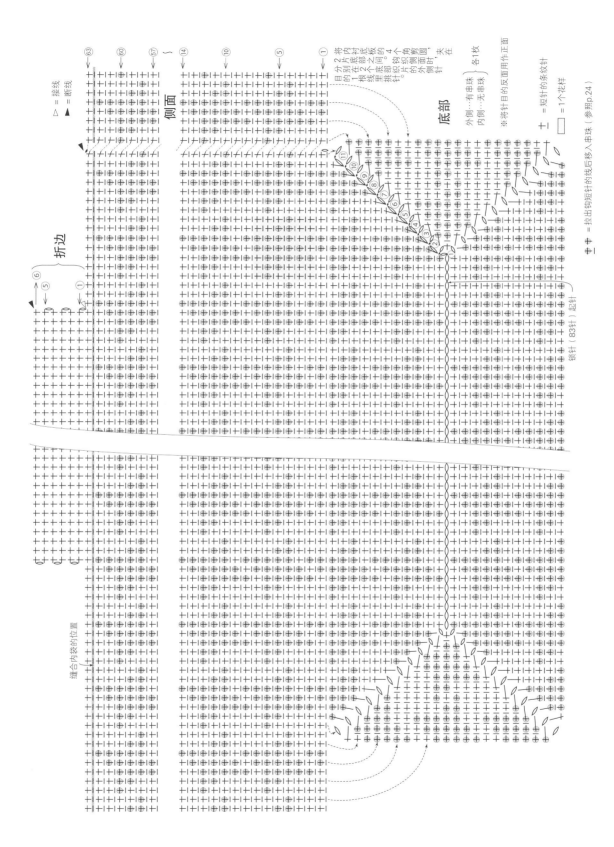

△ = 接线
▲ = 断线

侧面

折边

缝合内袋的位置

目的分别在2将内
的1在底衬
线根2部底板
里线个之的
针挑底之4
。回间个
织针片。角
织的剪
侧外圆
针面，
时织夹
的在

底部

外侧…有串珠
内侧…无串珠 各1枚

※将针目的反面用作正面

⊥ = 短针的条纹针
☐ = 1个花样

锁针（83针）起针

⊥•中 = 拉出钩短针的线后移入串珠（参照p.24）

4 …作品图 p.8、9

●**材料和工具** ※串珠和用线请参照明细表
串珠…MIYUKI古董珠
用线…DMC COTON PERLE 8号
蕾丝钩针…4号
其他…3号天蚕丝(强)少量，HAMANAKA包包
专用口金 宽6.5cm 银色（H207-005-2），
内袋用布 10cm×20cm
●**成品尺寸**
宽9cm、深8.5cm（不含口金）
●**编织方法**
按指定顺序在线中穿入所需颗数的串珠。在

侧面的中心环形起针后开始编织。参照图解，
一边织入串珠，一边在前一圈针目的后侧半针
里挑针钩织短针的条纹针（参照p.24）。由于
串珠出现在织物的反面，所以将织物的反面用
作正面。
组合：主体钩织A、B面各1片，将有串珠的一面
朝内对齐，留出包口部分做卷针缝缝合；在包
口钩1圈短针的条纹针调整形状；制作2片布缝
成的内袋，用卷针缝缝在包口（参照p.30、31）；
按"基础的安装方法"将口金缝在主体上（参照
p.32、33）。

主体 A面、B面各1片
（短针的条纹针）

19圈 … 9

※ 全部用4号蕾丝钩针编织
※ 将针目的反面用作正面

线和串珠的颜色（编号）与用量明细表

		古董珠		COTON PERLE 8号
粉红色	A面	原白色（DB-732）26颗	灰粉色（DB-1746）1402颗	浅米色（739）7g
	B面	灰粉色（DB-1746）26颗	原白色（DB-732）1402颗	
黄色	A面	黄色（DB-743）26颗	金色（DB-1832）1402颗	浅黄色（727）7g
	B面	金色（DB-1832）26颗	黄色（DB-743）1402颗	

包口
（短针的条纹针）

（60针）挑针
（1圈）
（1针）挑针 … （60针）挑针 … （1针）挑针
卷针缝

串珠的穿法

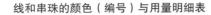

92颗　3颗　1颗　3颗　98颗　2颗　1颗　2颗　670颗
7颗　85颗　5颗　79颗　3颗　73颗　1颗　303颗　←编织起点

组合方法
※内袋纸型见p.73

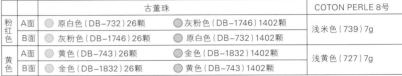

（46针） … 用天蚕丝缝合
★预留（15针）★
内袋（正面）
（46针）

短针的条纹针

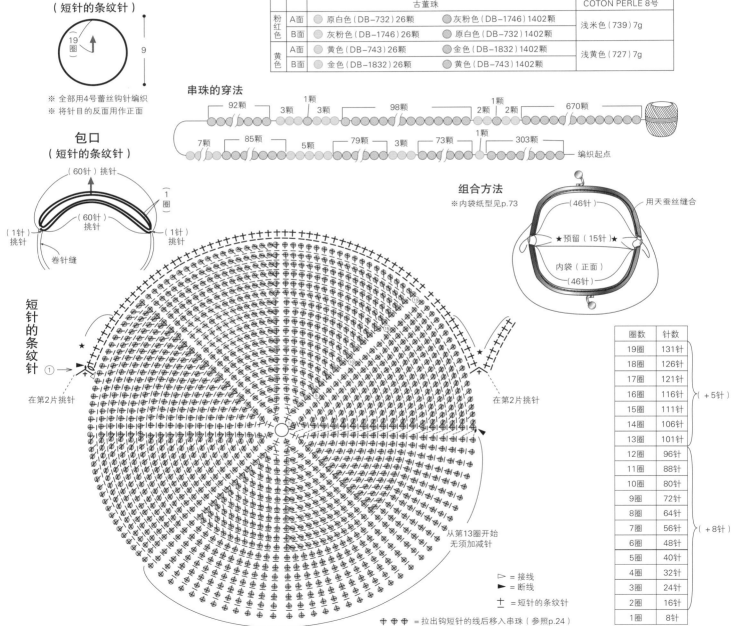

① → 在第2片挑针

在第2片挑针

从第13圈开始无须加减针

▷ = 接线
▶ = 断线
十 = 短针的条纹针
十 中 中 = 拉出钩短针的线后移入串珠（参照p.24）

圈数	针数	
19圈	131针	
18圈	126针	
17圈	121针	
16圈	116针	（+5针）
15圈	111针	
14圈	106针	
13圈	101针	
12圈	96针	
11圈	88针	
10圈	80针	
9圈	72针	
8圈	64针	
7圈	56针	（+8针）
6圈	48针	
5圈	40针	
4圈	32针	
3圈	24针	
2圈	16针	
1圈	8针	

5 …作品图 p.10

●材料和工具 ※串珠和用线请参照明细表
串珠…MIYUKI［蓝色］古董珠／［玫红色］古董珠 M
用线…DMC［蓝色］COTON PERLE 8号／［玫红色］Cébélia 10号
蕾丝钩针…［蓝色］4号／［玫红色］2号
其他…3号天蚕丝（强）少量，MIYUKI［蓝色］SOHIRO 9.5cm 的金属珠头口金 JTM-B87S 银色 /10cm 的月牙形珠头有孔口金 S［玫红色］黄色（Z0035051）

●成品尺寸
［蓝色］宽15cm、深10cm（不含口金）
［玫红色］宽18cm、深12.5cm（不含口金）

●编织方法
在线中穿入所需颗数的串珠。从底部环形起针后开始编织。参照图解，一边在指定位置织入串珠，一边在前一圈针目的后侧半针里挑针钩织短针的条纹针（参照p.24）。由于串珠出现在织物的反面，所以将织物的反面用作正面。
组合：制作内袋，用卷针缝缝在包口（参照p.30、31）；按"基础的安装方法"将口金缝在主体上（参照p.32、33）。

线和串珠的颜色（编号）与用量明细表

	用线	串珠
蓝色	浅米色（739）	浅蓝色（DB-79）2832颗
玫红色	浅米色（739）	紫红色（DBM-874）2832颗

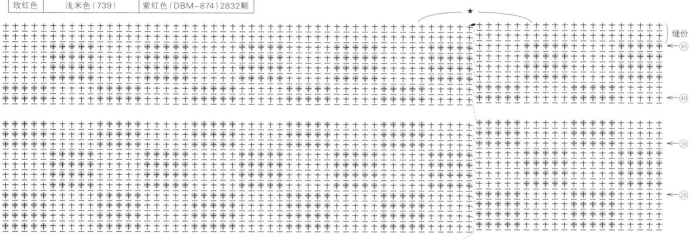

十 = 拉出钩短针的线后移入串珠（参照p.24）

组合方法

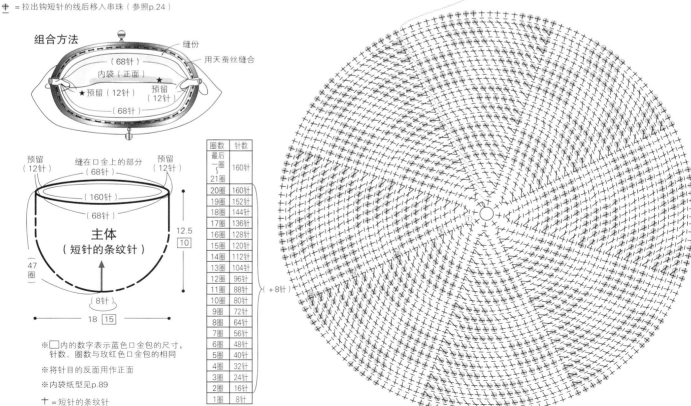

（68针）
缝份
内袋（正面）★
用天蚕丝缝合
★预留（12针）　预留（12针）
（68针）

预留（12针）
缝在口金上的部分（68针）
预留（12针）
（160针）
（68针）

主体
（短针的条纹针）

12.5
[10]

（47圈）

（8针）

18 [15]

圈数	针数	
最后一圈 21圈	160针	
20圈	160针	
19圈	152针	
18圈	144针	
17圈	136针	
16圈	128针	
15圈	120针	
14圈	112针	
13圈	104针	
12圈	96针	
11圈	88针	（+8针）
10圈	80针	
9圈	72针	
8圈	64针	
7圈	56针	
6圈	48针	
5圈	40针	
4圈	32针	
3圈	24针	
2圈	16针	
1圈	8针	

※□内的数字表示蓝色口金包的尺寸，针数、圈数与玫红色口金包的相同
※将针目的反面用作正面
※内袋纸型见p.89

十 = 短针的条纹针

6 …作品图 p.12

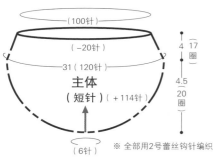

● **材料和工具**

串珠…MIYUKI 三角珠 2.5mm 蓝色(TR1821)
2880 颗
用线…DARUMA 蕾丝线 30 号葵 米色(3) 15g
蕾丝钩针…2 号
其他…3 号天蚕丝(强)少量, HAMANAKA 包
包专用口金 古铜色(H207-008), 内袋用布
16cm×16cm

● **成品尺寸**

宽 15.5cm、深 8.5cm(不含口金)

● **编织方法**

在线中穿入所需颗数的串珠。在底部中心环形
起针后开始编织。加、减针与织入串珠的位置
请参照图解, 钩织短针(参照 p.26)。由于串珠
出现在织物的反面, 所以将织物的反面用作正
面。

组合:制作内袋, 用卷针缝缝在包口(参照 p.30、
31); 按"基础的安装方法"将口金缝在主体上
(参照 p.32、33)。

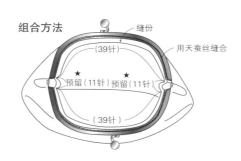

圈数	针数	
16、17圈	100针	
15圈	100针	
14圈	104针	
13圈	108针	(−4针)
12圈	112针	
11圈	116针	
10圈 ～ 1圈	120针	

圈数	针数	
20圈	120针	
19圈	114针	
18圈	108针	
17圈	102针	
16圈	96针	
15圈	90针	
14圈	84针	
13圈	78针	
12圈	72针	
11圈	66针	(+6针)
10圈	60针	
9圈	54针	
8圈	48针	
7圈	42针	
6圈	36针	
5圈	30针	
4圈	24针	
3圈	18针	
2圈	12针	
1圈	6针	

※将织物的反面用作正面
┼ = 短针的条纹针
⌖ = 拉出钩短针的线前移入串珠(参照 p.26)

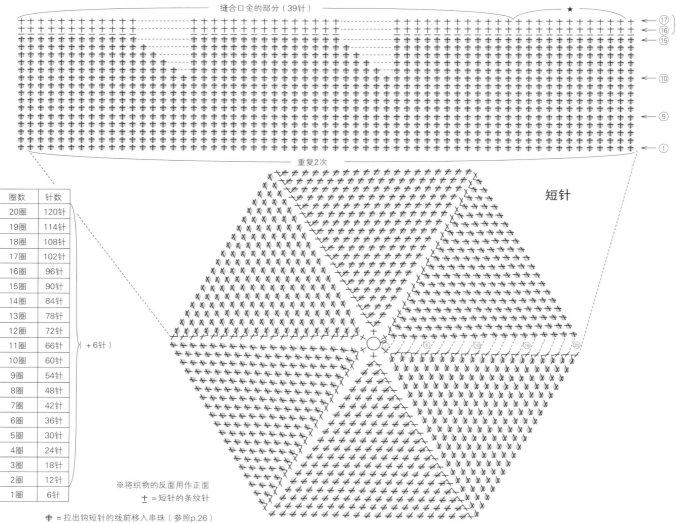

短针

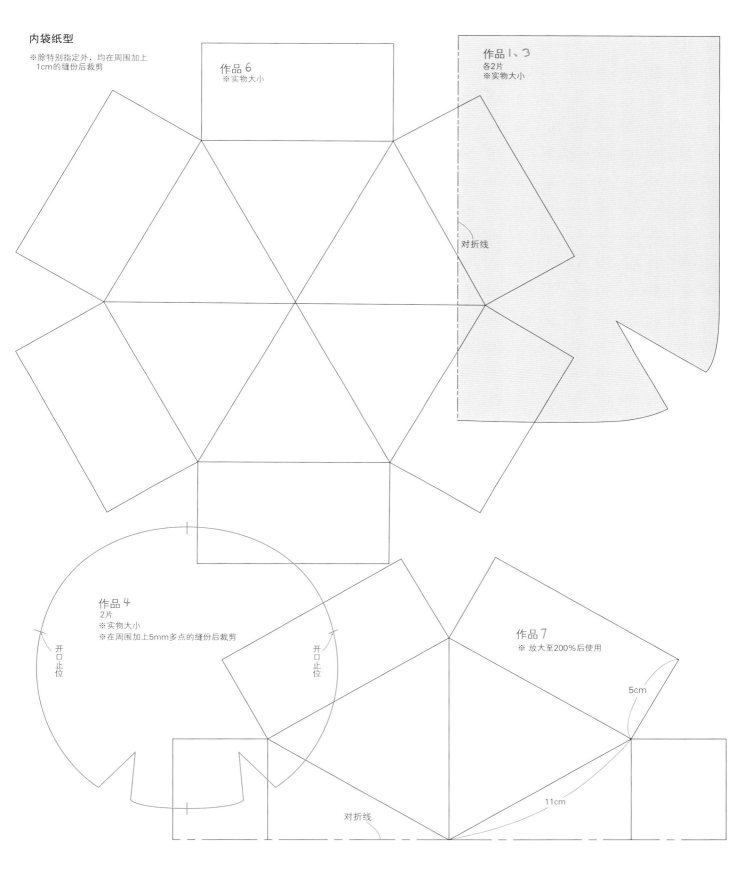

内袋纸型

※除特别指定外，均在周围加上
1cm的缝份后裁剪

作品 6
※实物大小

作品 1、3
各2片
※实物大小

对折线

作品 4
2片
※实物大小
※在周围加上5mm多点的缝份后裁剪

开口止位

开口止位

作品 7
※ 放大至200％后使用

5cm

11cm

对折线

7 …作品图 p.13

● 材料和工具

串珠…MIYUKI三角珠 3mm 粉红色(TR1114) 8736颗

用线…DARUMA鸭川18号 浅米色(102) 85g

钩针…2/0号

其他…3号天蚕丝(强)少量,HAMANAKA包包专用口金 古铜色(H207-001-4),小圆环(S117)金色(49) 2个,长29cm的棉绳,内袋用布34cm×34cm

● 成品尺寸

宽33.5cm、深16.5cm(不含口金和提手)

● 编织方法

在线中穿入所需颗数的串珠。在底部的中心环形起针后开始编织。加、减针与织入串珠的位置请参照图解,钩织短针(参照p.26)。由于串珠出现在织物的反面,所以将织物的反面用作正面。

组合:制作内袋,用卷针缝缝在包口(参照p.30、31);按"基础的安装方法"将口金缝在主体上(参照p.32、33);制作提手,装在口金上。

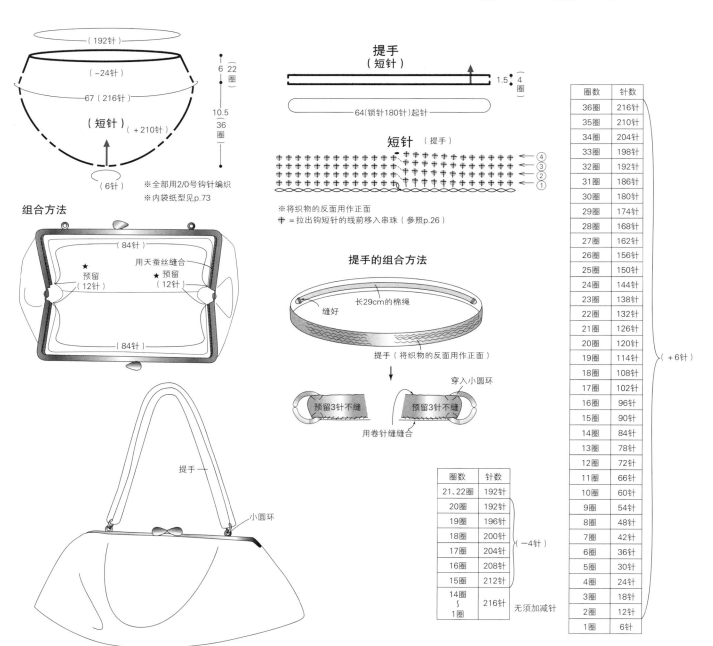

（192针）

（−24针）

6 22圈

67（216针）

10.5 36圈

（短针）（+210针）

（6针）

※全部用2/0号钩针编织
※内袋纸型见p.73

提手
（短针）

1.5 4圈

64（锁针180针）起针

短针（提手）

④③②①

※将织物的反面用作正面
十＝拉出钩短针的线前移入串珠(参照p.26)

提手的组合方法

长29cm的棉绳

缝好

提手（将织物的反面用作正面）

预留3针不缝

穿入小圆环

用卷针缝缝合

组合方法

（84针）

用天蚕丝缝合

预留（12针）

★预留（12针）

（84针）

提手

小圆环

圈数	针数	
36圈	216针	
35圈	210针	
34圈	204针	
33圈	198针	
32圈	192针	
31圈	186针	
30圈	180针	
29圈	174针	
28圈	168针	
27圈	162针	
26圈	156针	
25圈	150针	
24圈	144针	
23圈	138针	
22圈	132针	
21圈	126针	
20圈	120针	
19圈	114针	（+6针）
18圈	108针	
17圈	102针	
16圈	96针	
15圈	90针	
14圈	84针	
13圈	78针	
12圈	72针	
11圈	66针	
10圈	60针	
9圈	54针	
8圈	48针	
7圈	42针	
6圈	36针	
5圈	30针	
4圈	24针	
3圈	18针	
2圈	12针	
1圈	6针	

圈数	针数	
21、22圈	192针	
20圈	192针	
19圈	196针	
18圈	200针	（−4针）
17圈	204针	
16圈	208针	
15圈	212针	
14圈～1圈	216针	无须加减针

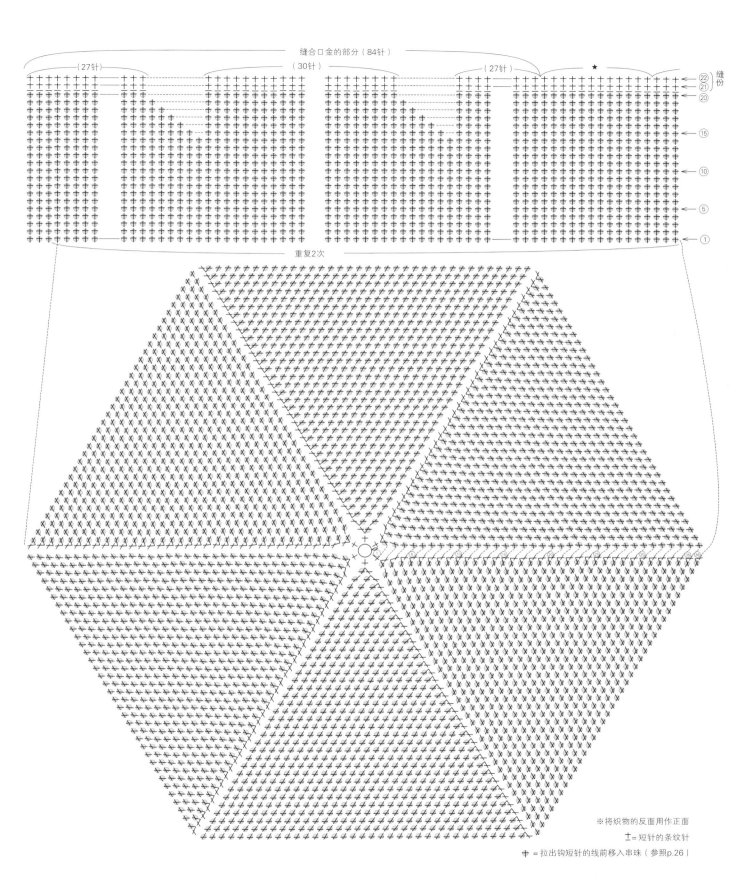

缝合口金的部分（84针）

（27针） （30针） （27针） ★

重复2次

※将织物的反面用作正面

±= 短针的条纹针

✝= 拉出钩短针的线前移入串珠（参照p.26）

8 …作品图 p.14

●材料和工具

串珠…MIYUKI 三角珠 3mm 蓝色(TR1830)
5070 颗
用线…DARUMA 鸭川18号 藏青色(104) 75g
钩针…2/0号
其他…3号天蚕丝(强)少量, SOHIRO 15.5cm
的塑料珠头口金 JTM–B90S 198号银灰色,
内袋用布 22cm×44cm

●成品尺寸

宽22cm、深20.5cm(不含口金和提手)

●编织方法

在线中穿入所需颗数的串珠。主体环形起针

后开始编织。加针与织入串珠的位置请参照
图解,钩织短针(参照 p.26)。由于串珠出现在
织物的反面,所以将织物的反面用作正面。主
体部分钩织前、后2片。

组合:将2片主体有串珠的一面朝内对齐,预
留包口部分用卷针缝缝合;在包口钩1圈短针
的条纹针调整形状;制作2片布缝成的内袋,
用卷针缝缝在包口(参照 p.30、31);按"基础
的安装方法"将口金缝在主体上(参照 p.32、
33);制作提手,装在口金上。

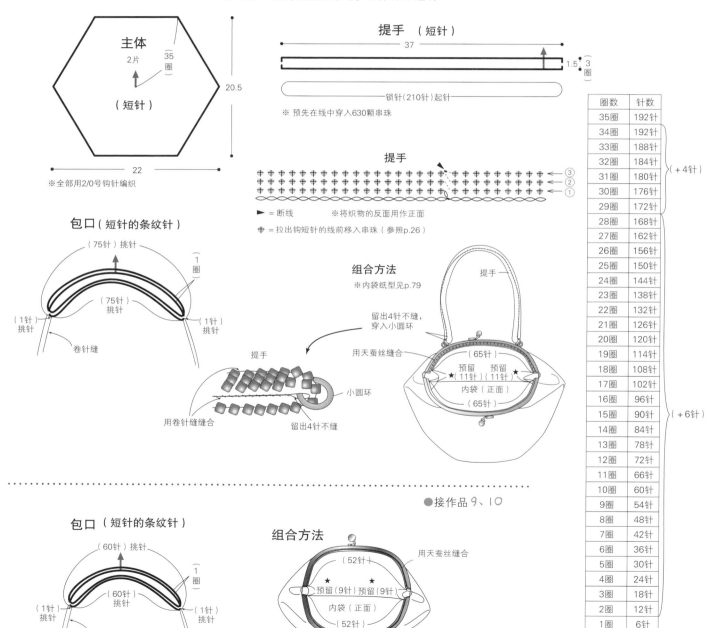

主体
2片
35圈
(短针)
20.5
22
※全部用2/0号钩针编织

提手(短针)
37
1.5 {3圈}
锁针(210针)起针
※预先在线中穿入630颗串珠

提手
←③
←②
←①
► = 断线　※将织物的反面用作正面
╪ = 拉出钩短针的线前移入串珠(参照 p.26)

包口(短针的条纹针)
(75针)挑针
1圈
(75针)挑针
(1针)挑针
(1针)挑针
卷针缝

组合方法
※内袋纸型见 p.79
提手
留出4针不缝,
穿入小圆环
用天蚕丝缝合
小圆环
用卷针缝缝合
留出4针不缝
(65针)
预留(11针) 预留(11针)
内袋(正面)
(65针)

包口(短针的条纹针)
(60针)挑针
1圈
(60针)挑针
(1针)挑针
(1针)挑针
卷针缝

组合方法
用天蚕丝缝合
(52针)
预留(9针) 预留(9针)
内袋(正面)
(52针)

●接作品 9、10

圈数	针数	
35圈	192针	(+4针)
34圈	192针	
33圈	188针	
32圈	184针	
31圈	180针	
30圈	176针	
29圈	172针	
28圈	168针	
27圈	162针	
26圈	156针	
25圈	150针	
24圈	144针	
23圈	138针	
22圈	132针	
21圈	126针	
20圈	120针	
19圈	114针	
18圈	108针	
17圈	102针	
16圈	96针	
15圈	90针	(+6针)
14圈	84针	
13圈	78针	
12圈	72针	
11圈	66针	
10圈	60针	
9圈	54针	
8圈	48针	
7圈	42针	
6圈	36针	
5圈	30针	
4圈	24针	
3圈	18针	
2圈	12针	
1圈	6针	

主体

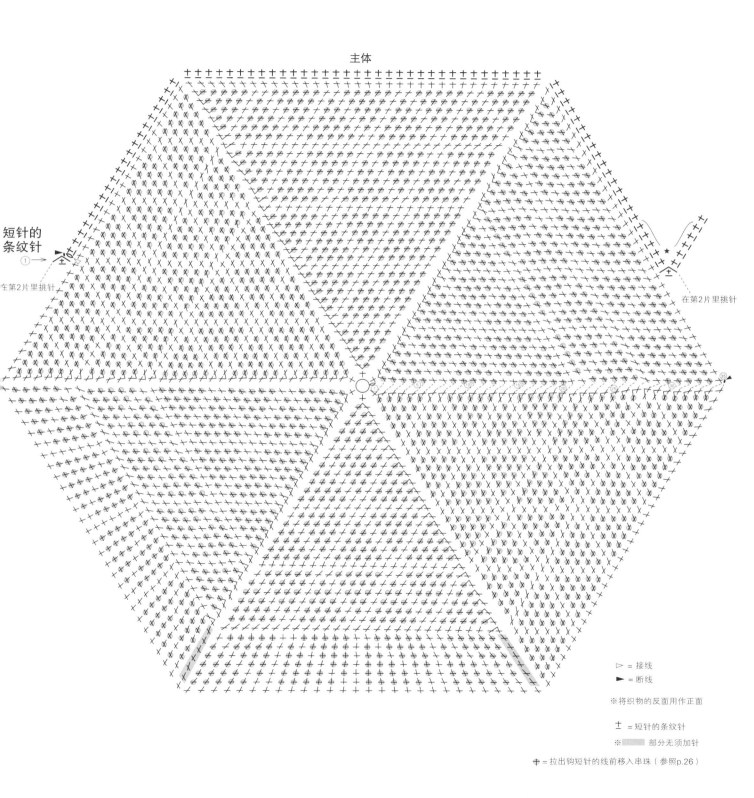

短针的
条纹针
①→
在第2片里挑针

在第2片里挑针

▷ = 接线
► = 断线

※将织物的反面用作正面

± = 短针的条纹针

※ ░░░░ 部分无须加针

＋ = 拉出钩短针的线前入串珠（参照p.26）

9、10 …作品图 p.15、16

●材料和工具

串珠…MIYUKI [9] 三角珠 2.5mm 银色(TR1101) 2820颗 / [10] 古董珠 金粉色(DB-1839) 2820颗

用线…DARUMA蕾丝线 [9] 30号葵 蓝色(7) 20g / [10] 40号紫野 原白色(3) 12g

蕾丝钩针…[9]2号/ [10]4号

其他…3号天蚕丝(强)少量、[9]SOHIRO 9.5cm的金属珠头口金 JTM-B87S #银色/ [10]HAMANAKA包包专用口金 银色(H207-004-2)，内袋用布 [9] 15cm×30cm/[10] 12cm×24cm

●成品尺寸

[9] 宽14cm、深13.5cm (不含口金)

[10] 宽10cm、深9.5cm (不含口金)

●编织方法

在线中穿入所需颗数的串珠。主体环形起针后开始编织。加针与织入串珠的位置请参照图解，钩织短针(参照p.26)。由于串珠出现在织物的反面，所以将织物的反面用作正面。主体部分钩织前、后2片。

组合：将2片主体有串珠的一面朝内对齐，预留包口部分用卷针缝缝合；在包口钩1圈短针的条纹针调整形状；制作内袋，用卷针缝缝在包口(参照p.30、31)；按"基础的安装方法"将口金缝在主体上(参照p.32、33)。

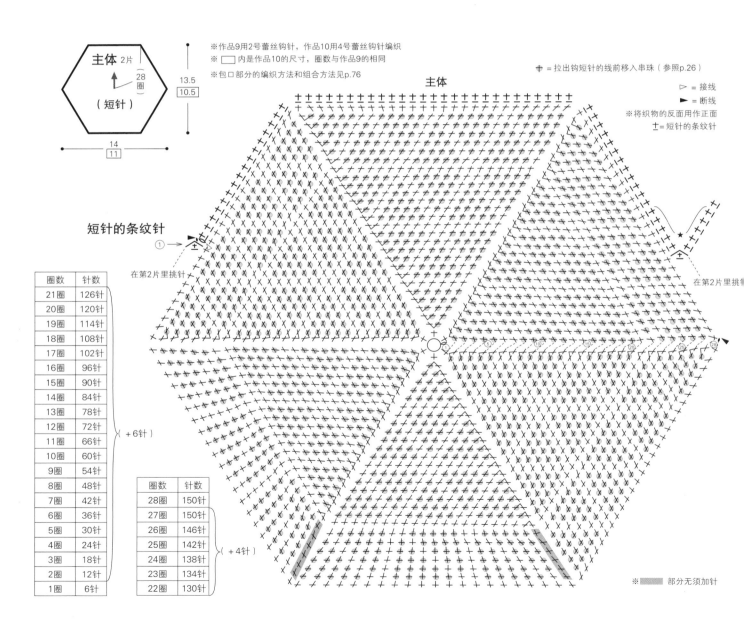

※作品9用2号蕾丝钩针，作品10用4号蕾丝钩针编织
※ ☐ 内是作品10的尺寸，圈数与作品9的相同
※包口部分的编织方法和组合方法见p.76

主体 2片

(短针)

28圈

13.5 / 10.5

14 / 11

短针的条纹针

① 在第2片里挑针

十 = 拉出钩短针的线前移入串珠(参照p.26)
▷ = 接线
► = 断线
※将织物的反面用作正面
士= 短针的条纹针

主体

在第2片里挑针

圈数	针数	
21圈	126针	
20圈	120针	
19圈	114针	
18圈	108针	
17圈	102针	
16圈	96针	
15圈	90针	
14圈	84针	
13圈	78针	
12圈	72针	(+6针)
11圈	66针	
10圈	60针	
9圈	54针	
8圈	48针	
7圈	42针	
6圈	36针	
5圈	30针	
4圈	24针	
3圈	18针	
2圈	12针	
1圈	6针	

圈数	针数	
28圈	150针	
27圈	150针	
26圈	146针	
25圈	142针	
24圈	138针	(+4针)
23圈	134针	
22圈	130针	

※ ▨ 部分无须加针

内袋纸型（实物大小）

※ 在周围加上1cm的缝份后裁剪

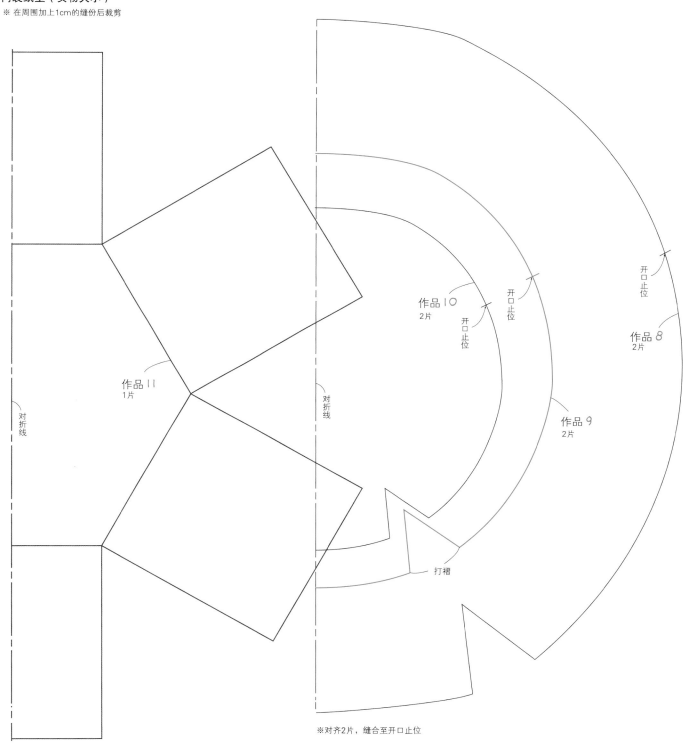

作品11
1片

对折线

对折线

作品10
2片

开口止位

开口止位

作品8
2片

开口止位

作品9
2片

打褶

※对齐2片，缝合至开口止位

●**材料和工具**

串珠…MIYUKI古董珠 金黄色(DB-1835) 4290颗

用线…DARUMA蕾丝线40号紫野 原白色(3) 14g

蕾丝钩针…4号

其他…3号天蚕丝(强)少量, SOHIRO 9.5cm的金属珠头口金 JTM-B87S 银色,内袋用布21cm×21cm

●**成品尺寸**

宽14.5cm、深10cm(不含口金)

●**编织方法**

在线中穿入所需颗数的串珠。在底部中心环形起针后开始编织。加针与织入串珠的位置请参照图解,钩织短针(参照p.26)。由于串珠出现在织物的反面,所以将织物的反面用作正面。

组合:制作内袋,用卷针缝缝在包口(参照p.30、31);按"基础的安装方法"将口金缝在主体上(参照p.32、33)。

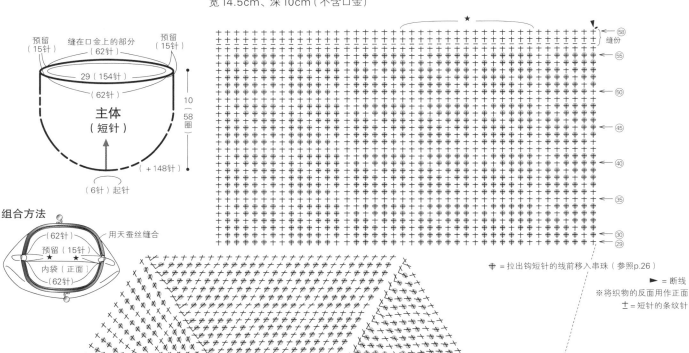

预留(15针)
缝在口金上的部分(62针)
预留(15针)
29(154针)
(62针)
10(58圈)
主体(短针)
(+148针)
(6针)起针

组合方法
(62针)
用天蚕丝缝合
预留(15针)
内袋(正面)
(62针)

缝份

⊕ = 拉出钩短针的线前移入串珠(参照p.26)

► = 断线
※ 将织物的反面用作正面
± = 短针的条纹针

※ ▨部分无须加针

圈数	针数
21圈	126针
20圈	120针
19圈	114针
18圈	108针
17圈	102针
16圈	96针
15圈	90针
14圈	84针
13圈	78针
12圈	72针
11圈	66针
10圈	60针
9圈	54针
8圈	48针
7圈	42针
6圈	36针
5圈	30针
4圈	24针
3圈	18针
2圈	12针
1圈	6针

(+6针)

圈数	针数
28圈	154针
27圈	150针
26圈	146针
25圈	142针
24圈	138针
23圈	134针
22圈	130针

(+4针)

●材料和工具
串珠…MIYUKI古董珠M 绿色(DBM-147) 1088颗
用线…DMC Cébélia 10号 浅绿色(989) 25g
蕾丝钩针…2号
其他…3号天蚕丝(强)少量,HAMANAKA包包专用口金 宽6.5cm 银色(H207-005-2),内袋用布 34cm×10cm
●成品尺寸
宽8cm、深17.5cm(不含口金)

●编织方法
在线中穿入所需颗数的串珠。在底部中心钩锁针起针后开始编织。参照图解在指定位置织入串珠。钩长针时,挂线后在前一圈短针的头部插入钩针,挂线并将线拉出,再次挂线引拔穿过针头的2个线圈,接着移入串珠,做最后一次引拔。串珠出现在长针的反面。
组合:制作内袋,用卷针缝缝在包口(参照p.30、31);按"基础的安装方法"将口金缝在主体上(参照p.32、33)。

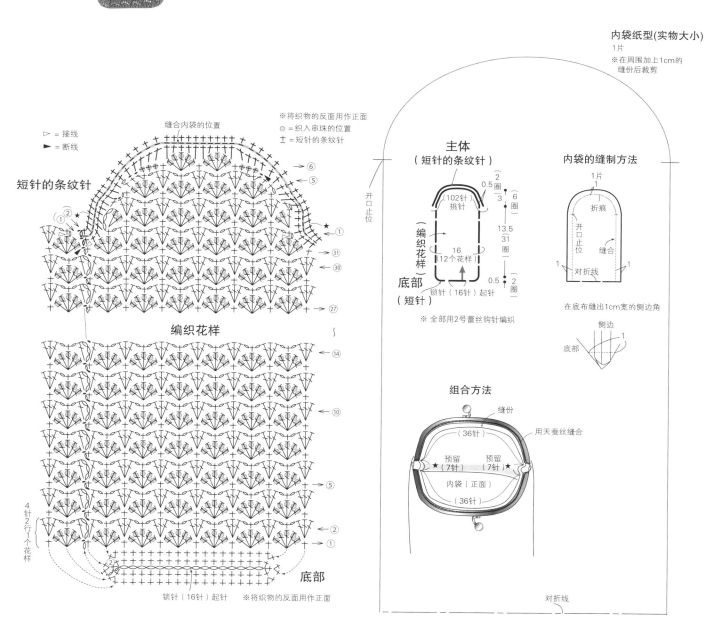

13 …作品图 p.38

●材料和工具

串珠…MIYUKI古董珠M 切面珠 银色（DBMC–41）872颗

用线…DMC Cébélia 10号 粉红色（224）20g

蕾丝钩针…2号

其他…3号天蚕丝（强）少量, MIYUKI 10cm 的月牙形珠头有孔口金N 五角星亮片（Z0037040）

●成品尺寸

宽14cm、深10.5cm（不含口金）

●编织方法

在线中穿入所需颗数的串珠。钩锁针起针后开始编织。参照图解一边钩织一边在指定位置的短针中织入串珠。织入串珠的方法参照p.24。串珠出现在织物的反面。

组合：将有串珠的一面朝内对齐，钩1行短针接合底部；按"平整的安装方法"将口金缝在主体上（参照p.32、33）。

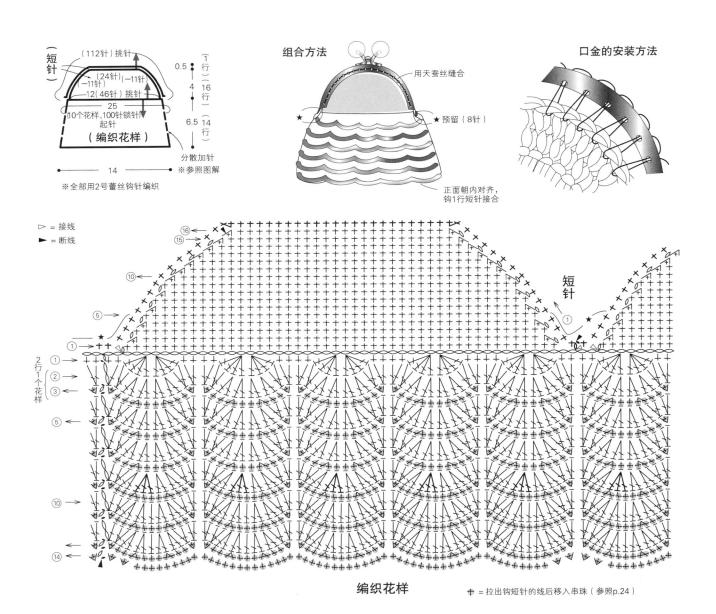

组合方法

口金的安装方法

※全部用2号蕾丝钩针编织

编织花样

▷ = 接线
► = 断线

短针

┼ = 拉出钩短针的线后移入串珠（参照p.24）

15 …作品图 p.39

●**材料和工具**
串珠…MIYUKI古董珠L 银色(DBL-41) 2176颗
用线…粗棉线 黑色
钩针…4/0 号
其他…内袋用布 36cm×29cm，黏合衬(薄) 36cm×29cm

●**成品尺寸**
宽 27.5cm、深 20.5cm (不含提手)

●**编织方法**
在线中穿入所需颗数的串珠。钩锁针起针后连接成环状开始编织。参照图解一边钩织一边在指定位置的短针中织入串珠。织入串珠的方法参照p.24。串珠出现在织物的反面。
组合：在包口位置钩织短针，将有串珠的一面朝内对齐，钩1行短针接合底部；制作内袋，用卷针缝缝在包口；钩织2个提手，参照组合方法图缝在包口的内侧。

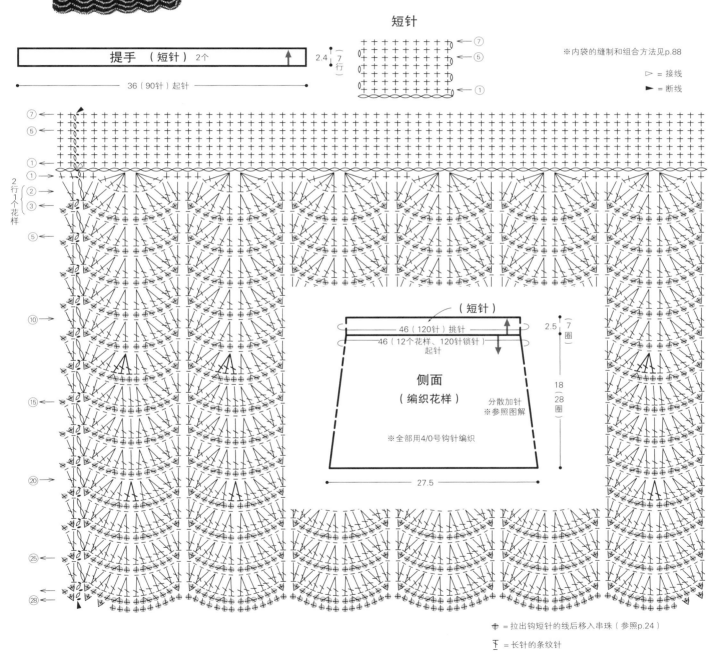

短针

提手 （短针）2个

36（90针）起针

2.4 ｛7行｝

※内袋的缝制和组合方法见p.88

▷ = 接线
► = 断线

（短针）

46（120针）挑针
46（12个花样、120针锁针）起针

侧面
（编织花样）

分散加针
※参照图解

※全部用4/0号钩针编织

2.5 ｛7圈｝
18 ｛28圈｝
27.5

╬ = 拉出钩短针的线后移入串珠（参照p.24）

Ŧ = 长针的条纹针

83

16 …作品图 p.40

●材料和工具

串珠…MIYUKI古董珠M［玫红色］紫色（DBM-4）／［蓝色］蓝色（DBM-286）1137颗

用线…DARUMA蕾丝线30号葵［玫红色］深玫红色(8)／［蓝色］蓝色(7) 20g

蕾丝钩针…2号

其他…3号天蚕丝(强)少量，SOHIRO 9.5cm的实木珠头口金 JTM-B91S［玫红色］953号米茶色／［蓝色］869号绿色大理石纹，内袋用布 20cm×40cm

●成品尺寸

宽14.5cm、深10.5cm（不含口金）

●编织方法

花片参照p.42的教程钩织。在线中穿入所需颗数的串珠。织入串珠的位置请参照图解，一边钩织花片一边进行连接。从第2个花片开始，钩短针与前面完成的花片做连接。串珠出现在花片的反面。

组合：制作内袋，用卷针缝缝在包口（参照p.30、31）；按"基础的安装方法"将口金缝在主体上（参照p.32、33）。

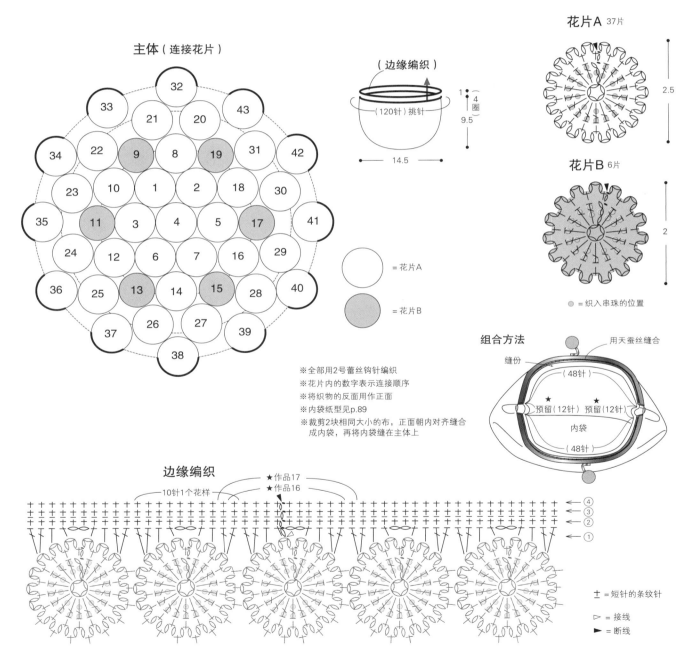

主体（连接花片）

（边缘编织）
（120针）挑针
1　4圈
9.5
14.5

花片A 37片
2.5

花片B 6片
2

● ＝织入串珠的位置

○ ＝花片A
● ＝花片B

※全部用2号蕾丝钩针编织
※花片内的数字表示连接顺序
※将织物的反面用作正面
※内袋纸型见p.89
※裁剪2块相同大小的布，正面朝内对齐缝合成内袋，再将内袋缝在主体上

组合方法

用天蚕丝缝合
缝份
（48针）
预留（12针）　预留（12针）
内袋
（48针）

边缘编织

★作品17
★作品16
10针1个花样

④
③
②
①

± ＝短针的条纹针
▷ ＝接线
► ＝断线

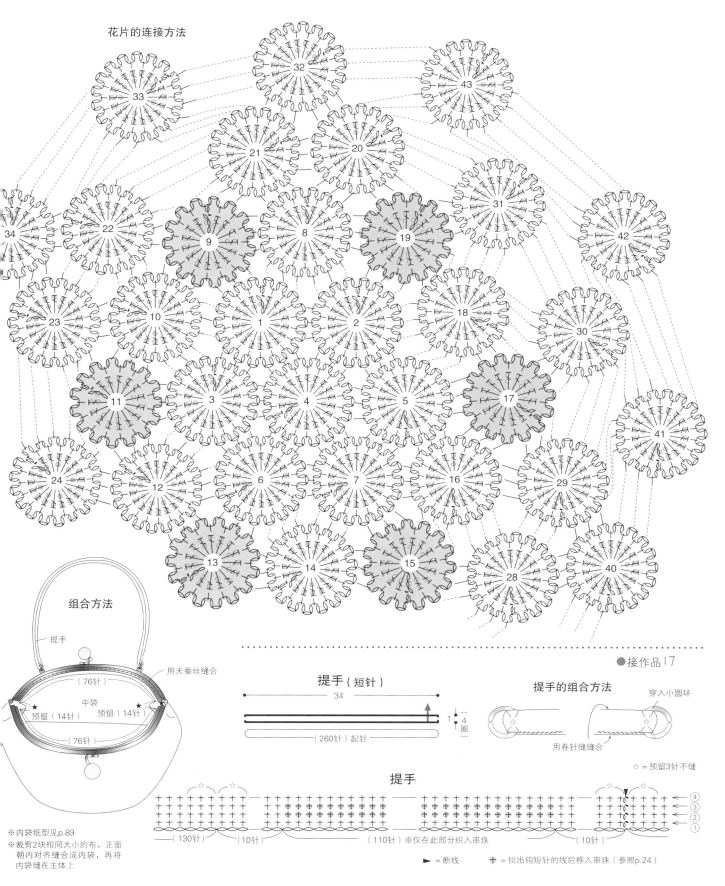

17 ···作品图 p.41

●材料和工具

串珠···MIYUKI古董珠M 金色(DBM-1832)
3139颗
用线···DARUMA蕾丝线30号葵 绿色(6)50g
蕾丝钩针···2号
其他···3号天蚕丝(强)少量,SOHIRO 15.5cm
的实木珠头口金 JTM-B92S 702号象牙色,
内袋用布 32cm×64cm

●成品尺寸

宽21.5cm、深17cm(不含口金和提手)

●编织方法

花片参照p.42的教程钩织。在线中穿入所需颗

数的串珠。织入串珠的位置请参照图解,一边
钩织花片一边进行连接。从第2个花片开始,钩
短针与前面完成的花片做连接。串珠出现在花
片的反面。

组合:制作内袋,用卷针缝缝在包口(参照
p.30、31)。按"基础的安装方法"将口金缝在
主体上(参照p.32、33),提手钩锁针起针,连
接成环形后开始钩织,在指定位置织入串珠(参
照p.24);参照组合方法图,分别用卷针缝缝合
第一圈和最后一圈的针目,最后穿入小圆环。

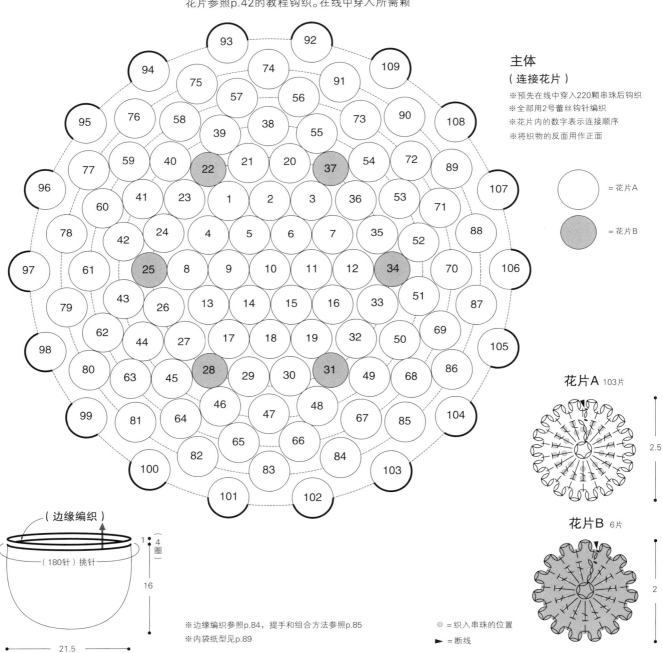

主体

（连接花片）

※预先在线中穿入220颗串珠后钩织
※全部用2号蕾丝钩针编织
※花片内的数字表示连接顺序
※将织物的反面用作正面

○ = 花片A

● = 花片B

花片A 103片

2.5

花片B 6片

2

● =织入串珠的位置

► =断线

(边缘编织)

1 { 4圈

(180针)挑针

16

21.5

※边缘编织参照p.84,提手和组合方法参照p.85
※内袋纸型见p.89

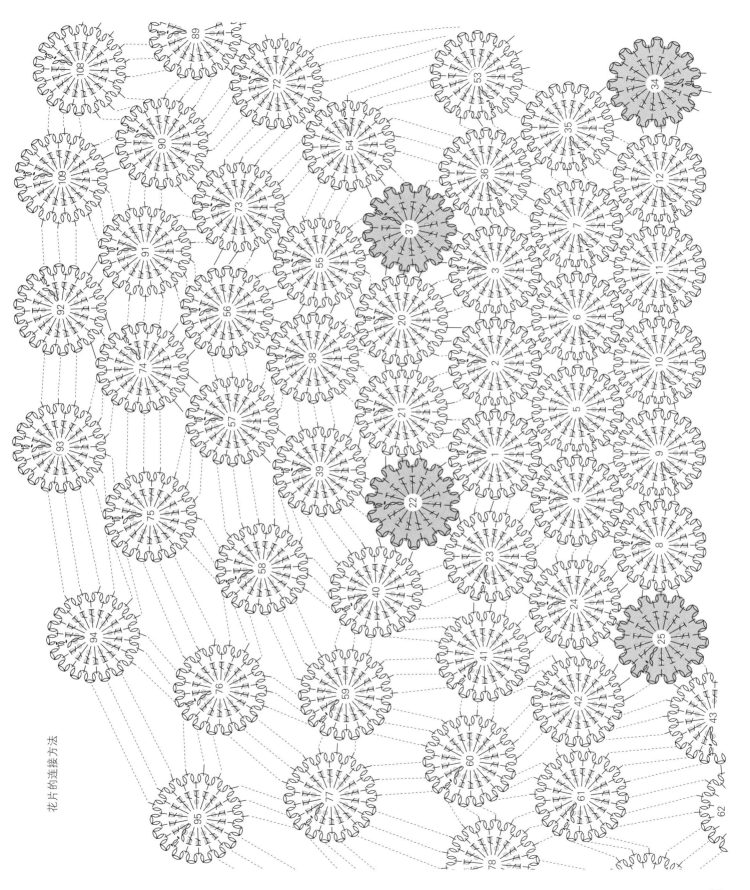

花片的连接方法

18 …作品图 p.44

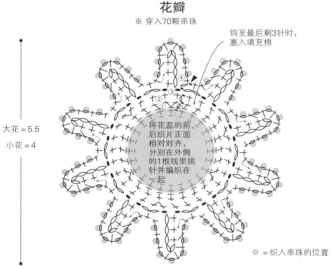

●材料和工具 ※串珠和用线请参照明细表
串珠…MIYUKI古董珠 M、古董珠
用线…DMC Cébélia 10号 黑色（310）、原白色（712）／ COTON PERLE 8号 黑色（310）、米黄色（712）
蕾丝钩针…2号／4号
其他…填充棉

●成品尺寸
直径（大花）5.5cm、（小花）4cm

●编织方法
参照p.43的教程钩织。花蕊部分钩织前、后2个织片，在前面织片中织入串珠，后面织片则无须织入串珠。在前面织片的中心缝上1颗串珠。将花蕊前、后2个织片的钩织面朝内对齐，塞入填充棉，钩1圈短针接合。参照图解，一边钩织花瓣一边织入串珠。由于串珠出现在织物的反面，注意钩织的方向。

串珠的颜色（编号）与用量明细表

大花（1个的用量）※2号蕾丝钩针

		Cébélia 10号	古董珠M
A	花蕊	黑色（310）4m	黑色（DBM-10）73颗
	花瓣	原白色（712）7m	米色（DBM-732）70颗
B	花蕊	原白色（712）4m	米色（DBM-732）73颗
	花瓣	黑色（310）7m	黑色（DBM-10）70颗

小花（1个的用量）※4号蕾丝钩针

		COTON PERLE 8号	古董珠
a	花蕊	黑色（310）3m	黑色（DB-10）73颗
	花瓣	米黄色（712）5m	米色（DB-732）70颗
b	花蕊	米黄色（712）3m	米色（DB-732）73颗
	花瓣	黑色（310）5m	黑色（DB-10）70颗
c	花蕊	米黄色（712）3m	金粉色（DB-1839）73颗
	花瓣	黑色（310）5m	金粉色（DB-1839）70颗
d	花蕊	米黄色（712）3m	金黄色（DB-1835）73颗
	花瓣	黑色（310）5m	金黄色（DB-1835）70颗
e	花蕊	米黄色（712）3m	深粉色（DBC-62）73颗
	花瓣	黑色（310）5m	深粉色（DBC-62）70颗
f	花蕊	黑色（310）3m	橘黄色（DB-272）73颗
	花瓣	米黄色（712）5m	橘黄色（DB-272）70颗

花瓣

※ 穿入70颗串珠

钩至最后剩3针时，塞入填充棉

将花蕊的前后织片正面相对对齐，分别在外侧的1根线里挑针并编织在一起

大花 = 5.5
小花 = 4

○ = 织入串珠的位置

花蕊

（前面）
※ 穿入72颗串珠

大花 = 2.5
小花 = 1.8

（后面）

大花 = 1.8
小花 = 1.5

▷ = 接线
► = 断线

※中心的串珠在钩织完成后再缝上
※钩织教程参照p.43
※将针目的反面用作正面
♈ = 拉出钩短针的线后移入串珠（参照p.24）

●接作品15

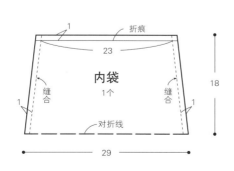

1
折痕
23
内袋
1个
缝合
缝合
1
1
对折线
18
29

组合方法

两端预留8针，对折后用卷针缝缝合
8.5
放入内袋，用卷针缝缝合
缝住
正面朝内对齐，钩1行短针接合

内袋纸型
※ 在周围加上1cm的缝份后裁剪

作品16
2片
※实物大小

作品5
蓝色
※实物大小

作品5
玫红色
※实物大小

对折线

对折线

作品17
2片
※放大至200%后使用

对折线

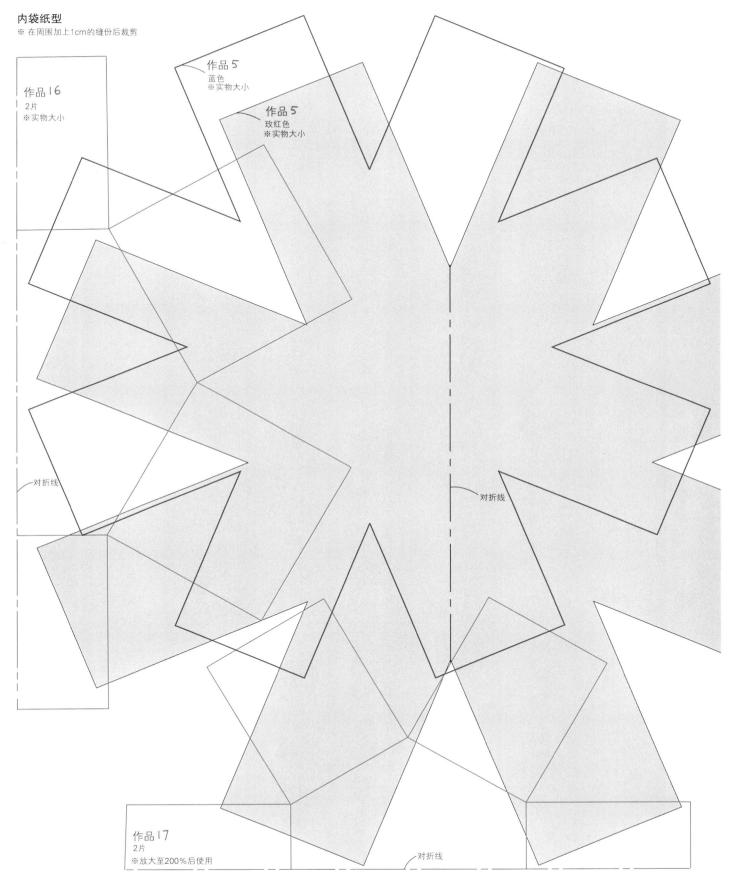

Technical Guide | 针法符号的编织方法

起始针目的起针

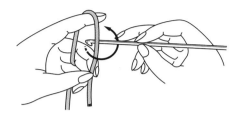

1. 将钩针放在线的后面，如箭头所示将钩针转动一圈。

2. 钩针挂线。

用拇指按住

3. 如箭头所示转动钩针，挂线。

4. 将线拉出。

收紧

5. 拉动线头，收紧。

6. 起始针完成。这一针不计入起针的针数。

锁针 ⌒⌒⌒⌒⌒⌒

1. 如箭头所示转动钩针，挂线。

2. 将线从钩针上的线圈中拉出，1针锁针完成。

3. 按相同要领，挂线后将线拉出。

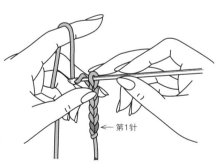

第1针

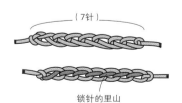

（7针）

锁针的里山

起针的挑针方法

在里山1根线里挑针

立起的1针（钩短针时）

在半针和里山2根线里挑针

立起的1针（钩短针时）

90

用线头环形起针

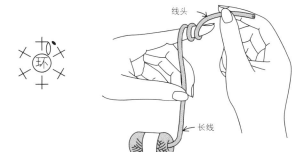

1. 用线头在左手的食指上绕 2 圈。

2. 捏住交叉点，以免所绕的线环散开。

4. 再次挂线，拉出。

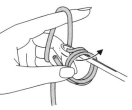

3. 将线团端的线挂在手指上，在线环中插入钩针，将线拉出。

5. 环形起针完成。这一针不计入针数。

6. 第 1 行完成。拉动线头，确认活动的线。

7. 拉动步骤 6 中活动的线，收紧线环。

8. 拉动线头，收紧剩下的线环。

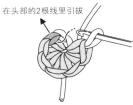

9. 线环已经拉紧。在第 1 针的短针里引拔，连接钩织起点和终点。

钩锁针环形起针

1. 钩织所需针数的锁针。

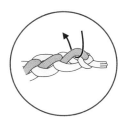

2. 在最初的锁针的里山插入钩针，连接成环形。此时，注意不要让锁针链拧转。

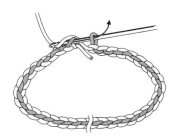

3. 挂线后拉出。

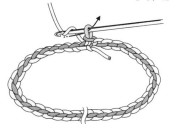

4. 立织 1 针锁针。

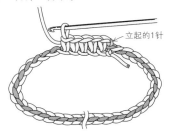

5. 一边在里山挑针，一边钩织短针。

环形钩织短针

不钩立起的锁针，直接进行环形钩织。由于难以分辨圈首与圈尾的交界，钩织时可用记号线做标记。

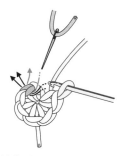

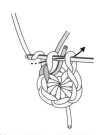

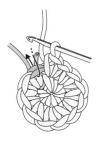

1. 先按所需针数钩织 1 圈，在起始的短针里加入记号线。

2. 在第 1 圈第 1 针短针的头部挑针钩织 2 针短针。此时，注意将线头包在里面一起钩织。

3. 第 2 圈完成。在箭头所示针目里插入钩针，钩织第 3 圈的第 1 针。

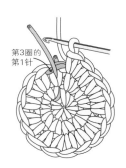

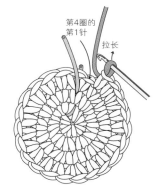

4. 将记号线从后面拉出至前面，在前一圈的针目里重复"2 针、1 针"钩织第 3 圈。

5. 钩织至第 4 圈后休针。将挂在钩针上的线圈拉长。

6. 将拉长的线圈留 7 ~ 8cm 的线头后剪断。

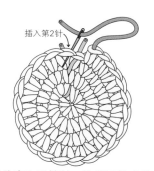

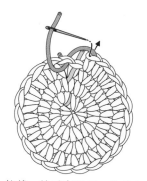

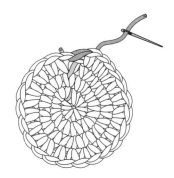

7. 将线头穿入手缝针，从后面将手缝针插入第 2 针短针的头部。

8. 拉线，然后在最后一针的中心插入手缝针。

9. 拉线，将针目拉至 1 针锁针的大小，连接两圈之间的交界处。

◆ 串珠编织

锁针

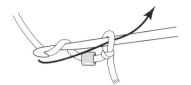 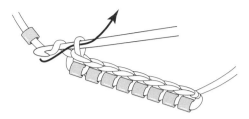

1. 移入串珠，在钩针上挂线后引拔。

2. 串珠织在了锁针的里山上。如果不加串珠，钩的就是锁针。

短针

1. 从前一行的针目里将线拉出后移入串珠，在钩针上挂线后引拔。

2. 串珠出现在织物的反面。

中长针

 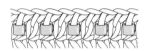

1. 在钩针上挂线后拉出，移入串珠。接着挂线，引拔穿过3个线圈。

2. 串珠出现在织物的反面。

长针（1颗串珠）

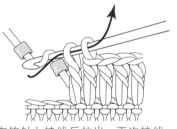 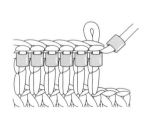

1. 在钩针上挂线后拉出，再次挂线，引拔穿过2个线圈后移入串珠。再次挂线，引拔穿过钩针上剩下的2个线圈。

2. 串珠出现在织物的反面。

 长针（2颗串珠）

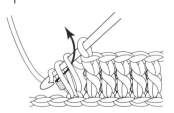 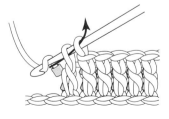 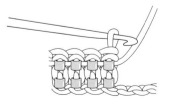

1. 从前一行的针目里将线拉出后移入串珠，挂线后引拔穿过2个线圈。

2. 再次移入串珠，在钩针上挂线，引拔穿过剩下的2个线圈。

3. 2颗串珠在织物的反面呈纵向排列。

引拔针

●

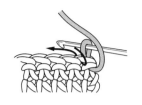 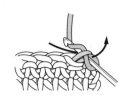 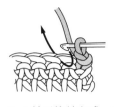 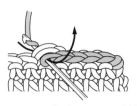

1. 如箭头所示，在前一行的针目里插入钩针。

2. 在钩针上挂线，将线拉出。

3. 1针引拔针完成。在下一个针目里插入钩针。

4. 重复步骤2、3继续钩织。

短针

十

 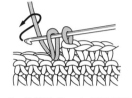  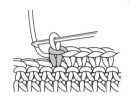

1. 如箭头所示，在前一行的针目里插入钩针。

2. 将线拉出，如箭头所示在钩针上挂线。

3. 如箭头所示，将所挂的线拉出。

4. 1针短针完成。

中长针

丅

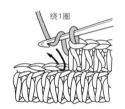 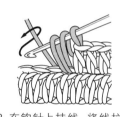 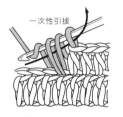 

1. 在钩针上挂线，如箭头所示，在前一行的针目里插入钩针。

2. 在钩针上挂线，将线拉出。

3. 一次引拔穿过钩针上的3个线圈。

4. 1针中长针完成。

长针

干

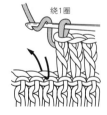 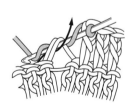 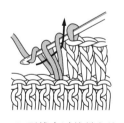 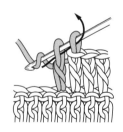

1. 在钩针上挂线，如箭头所示在前一行的针目里插入钩针。

2. 将线拉出。

3. 引拔穿过钩针上的2个线圈。

4. 再次引拔穿过2个线圈。1针长针完成。

短针的条纹针

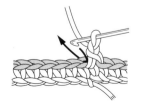 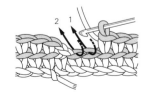 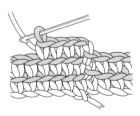

1. 在前一行针目的后侧半针里插入钩针，钩短针。

2. 如箭头所示插入钩针，一直钩织至该行的最后一针。

3. 总是在后侧半针里挑针继续钩织。在织物的正面每行都呈条纹状。

1 针放 2 针短针

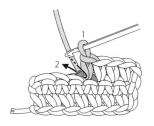

1. 在前一行的针目里钩 1 针短针。

2. 在步骤 1 的相同针目里插入钩针，将线拉出。

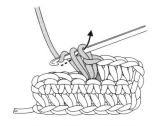

3. 挂线，引拔穿过钩针上的 2 个线圈

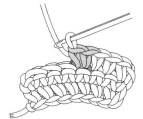

4. 在 1 个针目里钩入了 2 针短针。

1 针放 2 针长针

1. 在钩针上挂线，接着在锁针的里山插入钩针，钩长针。

2. 在钩针上挂线，在步骤 1 的相同针目里插入钩针，将线拉出。

3. 如箭头所示，依次引拔穿过 2 个线圈钩长针。

4. 在 1 个针目里钩入了 2 针长针。

引拔接合

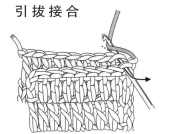

1. 对齐 2 块织片，将其中 1 块织片编织终点的线头拉出。

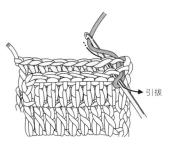

2. 在 2 块织片里一起插入钩针，挂线引拔。

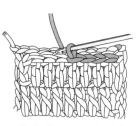

3. 依次在最后一行的每个针目里插入钩针做引拔。

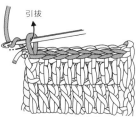

4. 最后，再次挂线，将线拉出后收紧针目。

卷针缝缝合

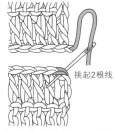

1. 将 2 块织片的正面相对合拢，用手缝针挑起针目头部的 2 根线。

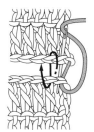

2. 依次将手缝针从后往前插入每个针目。

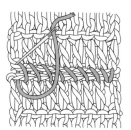

3. 最后在同一个针目里插入手缝针。

版权所有，翻印必究

备案号：豫著许可备字-2017-A-0249

作者简介

松本薰在日本女子美术大学学习染织。曾从事舞台美术方面的工作，之后在宝库学园的编织指导养成讲座学习编织。在手工类相关杂志和图书等发表以手工编织为主的作品。著作有《短针环形钩织 36款串珠口金包和小物件》（日本宝库社出版）等。

图书在版编目（CIP）数据

松本薰的串珠编织：口金包和小物件/（日）松本薰著；蒋幼幼译. —郑州：河南科学技术出版社，2020.10

ISBN 978-7-5725-0166-1

Ⅰ.①松… Ⅱ.①松… ②蒋… Ⅲ.①手工艺品—串制 ②手工艺品—编织 Ⅳ.①TS973.52

中国版本图书馆CIP数据核字（2020）第185382号

出版发行：河南科学技术出版社
　　　　　地址：郑州郑东新区祥盛街27号　邮编：450016
　　　　　电话：（0371）65737028　65788613
　　　　　网址：www.hnstp.cn
策划编辑：刘　欣
责任编辑：张　翼
责任校对：刘逸群
封面设计：张　伟
责任印制：张艳芳
印　　刷：北京盛通印刷股份有限公司
经　　销：全国新华书店
开　　本：889 mm×1 194 mm　1/16　印张：6　字数：160千字
版　　次：2020年10月第1版　　2020年10月第1次印刷
定　　价：49.80元

如发现印、装质量问题，影响阅读，请与出版社联系并调换。